Harry Nick

Wissenschaftlich-technische Revolution

Harry Nick

Wissenschaftlich-technische Revolution

–historischer Platz
–Entwicklungsetappen
–soziales Wesen

Akademie-Verlag · Berlin 1983

Erschienen im Akademie-Verlag, DDR-1086 Berlin, Leipziger Str. 3-4
Lektor: Dr. Dorothea Fensch
Lizenznummer: 202·100/18/82
Gesamtherstellung: Union-Druck (VOB), 4020 Halle
Einbandgestaltung: Eckhard Steiner
Bestellnummer: 754 0696 (6673) · LSV 0155
Printed in GDR
DDR 9,– M

Inhaltsverzeichnis

Vorbemerkung

Die erfolgreiche Verwirklichung der wissenschaftlich-technischen Revolution nimmt in der auf das Wohl des Volkes gerichteten Gesellschaftsstrategie der SED einen zentralen Platz ein. Die Erfahrungen des sozialistischen Aufbaus bestätigen nachdrücklich die grundlegende These des historischen Materialismus, wonach die tiefste Quelle des gesellschaftlichen Fortschritts in der Höherentwicklung der Produktivkräfte liegt, deren bestimmendes Element die materiell-gegenständlichen Faktoren, vor allem die Technik, sind.

Insbesondere die tiefgreifenden Veränderungen in den objektiven Faktoren und Bedingungen unseres Wirtschaftens, die in den vergangenen Jahren eingetreten sind, haben bewirkt, daß die systematische Erschließung der ökonomischen Potenzen der wissenschaftlich-technischen Revolution zum Schwerpunkt Nr. 1 unserer ökonomischen Strategie für die 80er Jahre geworden ist. Es gilt – so heißt es in den Beschlüssen des X. Parteitages der SED – einen neuen Schritt bei der Verbindung der Vorzüge des Sozialismus mit den Errungenschaften der wissenschaftlich-technischen Revolution zu tun, weil nunmehr „die Möglichkeiten der wissenschaftlich-technischen Revolution unmittelbar zur Hauptreserve für Leistungswachstum und Effektivität unserer Volkswirtschaft geworden" sind.[1]

Über Ausmaß, Tragweite und unterscheidbare Entwicklungsetappen dieser bedeutenden revolutionären Veränderungen im Gesamtsystem der Produktivkräfte gründlicher nachzudenken ist auch deshalb notwendig und möglich, weil die wissenschaftlich-technische Revolution nach der in der gesellschaftswissenschaftlichen Literatur überwiegend vertretenen Meinung heute etwa zwei bis drei Jahrzehnte alt ist.

Wir sind heute in der Lage, theoretische Verallgemeinerungen über ihren wesentlichen Inhalt, über ihre Hauptrichtungen und Hauptetappen, ihre Tragweite und ihr Ausmaß auf der Grundlage bedeutender praktischer Erfahrungen vornehmen zu können. So wichtig

[1] Bericht des Zentralkomitees der Sozialistischen Einheitspartei Deutschlands an den X. Parteitag der SED.
Berichterstatter: Genosse Erich Honecker, Berlin 1981, S. 49.

die deduktiv-theoretische Darlegung dieses Gegenstandes auch ist, hat sich doch eindeutig erwiesen, daß die wissenschaftliche Verallgemeinerung realer, abgelaufener Prozesse eine unentbehrliche Voraussetzung ist, um mit größerer Sicherheit auch Voraussagen über künftige Entwicklungen machen zu können. Solche Verallgemeinerungen aber sind wiederum unentbehrlich für die Erhöhung der Qualität und der Leitung und Planung gesellschaftlicher Entwicklungsprozesse, für ein tieferes Verständnis der großen historischen Umwälzungen, die sich mit der wissenschaftlich-technischen Revolution, ihren Wechselwirkungen mit den sozialen Veränderungen unserer Zeit vollziehen.

Es gibt in der marxistisch-leninistischen gesellschaftswissenschaftlichen Literatur ein reiches Material, aber verschiedene Auffassungen, deren Zusammenfassung und kritische Wertung eine wichtige Aufgabe ist. Diese Schrift will hierzu einen Beitrag leisten, zum Nach- und Weiterdenken anregen.

Erstes Kapitel

Die Stellung der wissenschaftlich-technischen Revolution in der Entwicklungsgeschichte der Produktivkräfte

Für das Verständnis der historischen Tragweite und der Bedeutung der mit der Verwirklichung der wissenschaftlich-technischen Revolution verbundenen Aufgaben ist es von außerordentlicher Wichtigkeit, sie in den Gesamtprozeß der historischen Entwicklung der Produktivkräfte einzuordnen. Über diesen historischen Platz der wissenschaftlich-technischen Revolution gibt es in der marxistisch-leninistischen gesellschaftswissenschaftlichen Literatur zumindest vier verschiedene Auffassungen, die sich allerdings nicht immer alternativ zueinander verhalten, einander zum Teil ergänzen; in jedem Fall handelt es sich um wichtige Nuancierungen in der Beantwortung dieser Frage nach dem historischen Platz der wissenschaftlich-technischen Revolution.

1. Verschiedene Auffassungen über den historischen Platz der wissenschaftlich-technischen Revolution

1.1. *Industrielle Revolution – wissenschaftlich-technische Revolution*

Die meisten Autoren vergleichen die gegenwärtige wissenschaftlich-technische Revolution, wenn sie ihren historischen Platz zu bestimmen versuchen, mit der industriellen Revolution, die sich im letzten Drittel des 18. Jahrhunderts bis zu Beginn des 19. Jahrhunderts zunächst in England, dann in den Vereinigten Staaten, in Frankreich, Deutschland und anderen Ländern vollzogen hat. Im Ergebnis dieser industriellen Revolution vollzog sich der Übergang von der Manufaktur zur maschinellen Großproduktion, das heißt die volle Ausbildung der materiell-technischen Basis der kapitalistischen Produktionsweise. Beim Vergleich zwischen industrieller und wissenschaftlich-technischer Revolution und zur Bestimmung des wesentlichen Inhalts der letzteren bedient man sich der Marxschen Methodologie zur Untersuchung und Charakterisierung der Prozesse der industriellen Revolution, welcher Marx bekanntlich großes Augenmerk geschenkt hat und die in seiner ökonomischen Lehre einen bedeutenden Platz einnimmt. Zu den wesentlichsten Momenten der Marxschen Methodologie der Analyse der industriellen Revolution gehören sicher vor allem die folgenden:

1. Mit der Erfindung und der Einführung der wichtigsten Maschinen der industriellen Revolution – der Spinnmaschine, dem mechanischen Webstuhl und der Dampfmaschine – wurden nicht nur einzelne, wenn auch bedeutende Arbeitsmittel grundlegend verändert, sondern es vollzog sich eine Veränderung der gesamten technologischen Produktionsweise, der Übergang von der Manufaktur zur maschinellen Großproduktion. Diese maschinelle Großproduktion ist die materielle Grundlage der hohen Dynamik der Entwicklung der Produktivkräfte, der Festigung und erweiterten Reproduktion der kapitalistischen gesellschaftlichen Beziehungen.

Die industrielle Revolution wird auf diese Weise eingeordnet in den gesamten historischen Prozeß der Ablösung der feudalen durch die kapitalistische Produktionsweise und zugleich in das System der dialektischen Wechselwirkungen zwischen Produktivkräften und Produktionsverhältnissen in der Entwicklung der kapitalistischen Produktionsweise selbst. Die grundlegende Schlußfolgerung, die sich hier für die Analyse des gesellschaftlichen Inhalts und des historischen Platzes der wissenschaftlich-technischen Revolution ergibt, besteht darin, die Frage zu beantworten, welche Rolle die wissenschaftlich-technische Revolution in der historischen Auseinandersetzung zwischen Kapitalismus und Sozialismus in der Gegenwart spielt, wie sie in den Gesamtprozeß der Höherentwicklung der Produktivkräfte des Sozialismus eingeordnet ist und wie sie damit auf die Höherentwicklung der sozialistischen Gesellschaft in allen ihren Bereichen wirkt.

2. Marx hat der Analyse der dialektischen Wechselwirkungen zwischen den subjektiven und den objektiven Faktoren der Produktion im Prozeß des Übergangs von der Kooperation zur Manufaktur und schließlich zur maschinellen Großproduktion außerordentlich großes Augenmerk geschenkt. Er hat sowohl die bestimmende Rolle der objektiven Bedingungen der Produktion in diesem Prozeß begründet wie auch zugleich die Veränderung der Stellung des Menschen, der die wichtigste Produktivkraft ist und bleibt. Zu den vornehmlichsten Aufgaben der Analyse der wissenschaftlich-technischen Revolution muß es gehören, der Dialektik in den Veränderungen zwischen den subjektiven und objektiven Bedingungen der Produktion sorgfältig nachzugehen. Es ist zu untersuchen, wie die Entwicklung der Produktion und der Produktivität zunehmend direkter durch die qualitative Beschaffenheit der gegenständlichen Elemente der Produktivkräfte bestimmt wird und wie sich gleichzeitig damit im Zusammenhang die Rolle des subjektiven Momentes, des Menschen als Hauptproduktivkraft, qualitativ wandelt und insgesamt erhöht. Zu den grundlegen-

den gesellschaftlichen Konsequenzen der wissenschaftlich-technischen Revolution gehört die objektive Notwendigkeit der allmählichen Herausbildung eines neuen Produzententyps, was letztlich nur unter den gesellschaftlichen Verhältnissen des Sozialismus bzw. des Kommunismus möglich ist.

3. Marx hat bei der Analyse der inneren Entwicklungslogik der Produktivkräfte den Beziehungen zwischen deren gegenständlichen Elementen besonderes Augenmerk geschenkt. In Analogie zu den Körperorganen des Menschen charakterisierte er das Muskel-, Gefäß- und Knochensystem der industriellen Produktion. Er begründete die Dreiteiligkeit des von der industriellen Produktion hervorgebrachten Maschinensystems, das aus der Antriebsmaschine, dem Übertragungsmechanismus und der Arbeitsmaschine bestand, und hob hervor, daß der Arbeitsmaschine im Prozeß der industriellen Revolution wie in der technischen Entwicklung überhaupt die führende Rolle zukommt. Viele Autoren sind der Auffassung, daß die wichtigste Schlußfolgerung, die aus der Marxschen Methodologie der Analyse der industriellen Revolution gezogen werden muß, darin bestehe, den qualitativen Veränderungen der Arbeitsmittel im Prozeß der wissenschaftlich-technischen Revolution der Gegenwart sorgfältig nachzugehen, diese Veränderungen überhaupt als den wichtigsten Ausgangspunkt der wissenschaftlich-technischen Revolution anzusehen. Die bedeutendste qualitative Veränderung, die die Arbeitsmittel im Prozeß der wissenschaftlich-technischen Revolution erfahren, besteht in der Herausbildung eines vierten Elements des Maschinensystems, dem Steuerungs- und Regelungsmechanismus, der gewissermaßen als das Nervensystem der Maschinerie bezeichnet werden kann.

Bei der Analyse des wesentlichen Inhalts und des historischen Platzes der wissenschaftlich-technischen Revolution können wir uns nicht nur auf das methodologische Herangehen von Marx, Engels und Lenin stützen, sondern auch auf eindeutige inhaltliche Aussagen zu eigentlich allen wesentlichen Prozessen, deren Gesamtheit wir heute als wissenschaftlich-technische Revolution bezeichnen. Ohne Zweifel handelt es sich hier um eines der hervorragendsten Beispiele einer marxistisch-leninistischen Prognose gesellschaftlicher Prozesse. Zu den wichtigsten von Marx, Engels und Lenin vorgenommenen theoretischen Verallgemeinerungen solcher Prozesse, die sich erst unter den Bedingungen der wissenschaftlich-technischen Revolution voll entfalten, gehören

- die zunehmende Verwandlung der Wissenschaft in eine unmittelbare Produktivkraft,
- die Herausbildung des automatisierten Maschinensystems,
- die damit im Zusammenhang stehende Veränderung der Stellung des Menschen im unmittelbaren Produktionsprozeß und seine Verwandlung in den Wächter und Regulator der Produktion.

Ausgehend von diesen Aussagen der Klassiker des Marxismus-Leninismus, insbesondere von der Marxschen Methodologie der Analyse der industriellen Revolution, wurden von den marxistisch-leninistischen Gesellschaftswissenschaftlern vor allen Dingen folgende besonderen Merkmale der wissenschaftlich-technischen Revolution herausgearbeitet, in denen zugleich wesentliche Unterschiede zur industriellen Revolution sichtbar werden:

1. In der wissenschaftlich-technischen Revolution verbinden sich die Revolution in der Wissenschaft und die Revolution in der Technik, und zwar in der Weise, daß alle wesentlichen technischen Veränderungen unmittelbar auf Ergebnisse der Wissenschaft zurückzuführen sind. Im Prozeß der wissenschaftlich-technischen Revolution bildet sich ein stabiles System von Wechselwirkungen zwischen Wissenschaft und Produktion heraus, in deren Ergebnis sich die Wissenschaft einerseits in eine unmittelbare Produktivkraft verwandelt und die Produktion andererseits in angewandte Wissenschaft. Dieses System Wissenschaft–Technik–Produktion bewirkt, daß sich die Produktion im Ergebnis eines stetig fließenden Stroms wissenschaftlicher Ideen, deren technische Realisierung in neuen Erzeugnissen und Verfahren und schließlich deren Überführung in die industrielle Nutzung beständig erneuert, daß die Erfordernisse und Bedingungen der Produktion wiederum zum wichtigsten Ausgangspunkt für die Entwicklung der Wissenschaft werden, ihr Orientierung und entscheidenden Impuls verleihen.

Die industrielle Revolution demgegenüber war nicht zwingend, nur partiell, mit dem Fortschritt der Wissenschaft, zum Beispiel mit der Newtonschen Mechanik verbunden. Noch zu Anfang unseres Jahrhunderts war der wissenschaftlich ausgebildete Ingenieur in der Industrie eine Seltenheit; besondere Forschungsabteilungen entstanden erst mit der Herausbildung der großen Monopole. Damit im Zusammenhang setzte auch der Prozeß der Vergesellschaftung der wissenschaftlichen Arbeit ein, der allmähliche Übergang vom handwerklichen zum industriellen Stadium der Wissenschaft.

2. Die industrielle Revolution bewirkte eine grundlegende qualitative Veränderung eigentlich nur der Arbeitsmittel; die Arbeitsgegenstände und vor allem die technologischen Verfahren dagegen wurden von ihr nur wenig berührt. Die wissenschaftlich-technische Revolution dagegen bedeutet eine revolutionäre Umwälzung *aller* gegenständlichen Elemente der Produktivkräfte. Sie bewirkt gewissermaßen eine universelle revolutionäre Umwälzung der materiell-technischen Basis der Produktion und in steigendem Maße auch der nichtproduzierenden Bereiche der Gesellschaft. Hieraus erklärt sich auch die Vielzahl der Auffassungen über den sogenannten Ausgangspunkt der wissenschaftlich-technischen Revolution, der von manchen Autoren in den neuen Energiequellen, von anderen wiederum in den neuen

Werkstoffen oder in der Datenverarbeitungstechnik oder in der Automatisierung gesehen wird. Manche Autoren bestreiten überhaupt, daß es unter diesen Bedingungen einer universellen revolutionären Umgestaltung der Technik sinnvoll und richtig sei, eine Entwicklungsrichtung des technischen Fortschritts herauszuheben. In jedem Fall ist es berechtigt zu fragen, ob die von Marx für die industrielle Revolution gemachte Aussage, daß den Arbeitsmitteln die führende Rolle im Prozeß der Umwälzung der Technik zukomme, auch für die wissenschaftlich-technische Revolution gilt.

3. Die industrielle Revolution und die wissenschaftlich-technische Revolution berühren verschiedene Seiten der Veränderungen der Rolle des Menschen in der Produktion, der Substitution menschlicher Arbeitstätigkeit durch technische Vorgänge. Während die von der industriellen Revolution hervorgebrachte Maschinerie den Menschen namentlich die Funktion der Energieumwandlung (die Umwandlung der auf den Arbeitsgegenstand wirkenden und ihn verändernden Energie) abnahm, vollzieht sich im Prozeß der wissenschaftlich-technischen Revolution die Übertragung auch geistig-intellektueller Arbeitstätigkeiten auf die Maschinerie. Das bedeutet vor allem, daß dem Menschen die Funktion der unmittelbaren Steuerung und Regelung der technologischen Prozesse abgenommen und den Maschinen übertragen wird, sich selbst regelnde und steuernde Maschinen entstehen, d. h. die automatisierte Maschinerie. All dies setzt qualitativ neue Ausgangspunkte sowohl für die Veränderung der Inhalte menschlicher Arbeit wie vor allem auch für die Steigerung ihrer Produktivität.

1.2. Technische Revolution – Wegbereiter jeder neuen Gesellschaftsformation

In den Veröffentlichungen des Instituts für Geschichte der Naturwissenschaften und Technik der Akademie der Wissenschaften der UdSSR, vor allem in den von S. W. Schuchardin herausgegebenen, wird die wissenschaftlich-technische Revolution nicht nur mit der industriellen Revolution des 18./19. Jahrhunderts in eine Reihe gestellt, sondern mit vier vorangegangenen industriellen Revolutionen, die jeweils Wegbereiter einer neuen Gesellschaftsordnung gewesen sind. Insbesondere in ihrem Werk „Die gegenwärtige wissenschaftlich-technische Revolution“[1] begründen Schuchardin und andere ihre Auffassung, daß jeder Gesellschaftsordnung eine technische Revolution vorangegangen, daß die spezifische materiell-technische Basis jeder Gesellschaftsformation das Ergebnis einer besonderen technischen Re-

[1] Vgl.: Autorenkollektiv, Die gegenwärtige wissenschaftlich-technische Revolution. Eine historische Untersuchung. Berlin 1972.

volution gewesen ist. Ausgehend von den Aussagen der Klassiker des Marxismus-Leninismus über die grundlegenden Beziehungen zwischen der Entwicklung der Produktivkräfte und der Produktionsverhältnisse, über die ökonomischen Gesellschaftsformationen, die gesetzmäßigen Prozesse ihrer inneren Entwicklung und historischen Aufeinanderfolge, weisen die Autoren nach, daß die verschiedenen Gesellschaftsformationen sich auch durch eine unterschiedliche Qualität der materiell-technischen Basis auszeichnen, deren Herausbildung jeweils das Ergebnis einer besonderen technischen Revolution ist. Dabei begründen sie, daß die Umwälzung in der Technik immer von bestimmten revolutionären Veränderungen einzelner Elemente der Technik ausgehen und schließlich zu einer Veränderung der gesamten Struktur der Produktivkräfte führen. Dies bedeutet, daß die technischen Revolutionen in eine Revolution der Produktivkräfte oder – wie die Autoren dies formulieren – in eine „Produktionsrevolution" hinüberwachsen. Als Beispiel dafür nennen die Autoren die industrielle Revolution des 18. bzw. 19. Jahrhunderts. Ihrer Meinung nach bestand die technische Revolution dieser Zeitepoche in der Einführung neuer Arbeitsmittel, vor allem des mechanischen Webstuhls, der Spinn- und der Dampfmaschine und in der Folgezeit vor allem der Werkzeugmaschinen. Diese revolutionären technischen Veränderungen waren die Grundlage tiefgreifender qualitativer Veränderungen der gesamten technologischen Produktionsweise, verbunden mit Umwälzungen in der gesellschaftlichen Organisation der Produktion, eben der Produktionsrevolution, die im Übergang von der Manufaktur zur maschinellen Großproduktion bestand.

Analog vollzogen sich zu Beginn der Herausbildung jeder ökonomischen Gesellschaftsformation technische Revolutionen, die in Produktionsrevolutionen hinüberwachsen. Diese technischen Revolutionen werden von den Autoren wie folgt datiert:

– Erste technische Revolution: 13. bis 4. Jahrtausend vor unserer Zeitrechnung; gekennzeichnet vor allem durch die Erfindung von Pfeil und Bogen und später durch die Verwendung behauener, geschliffener und polierter Steinwerkzeuge, vor allem dem Steinbeil und der Steinhacke mit Schaft. Sie führte zur vollen Herausbildung der Urgesellschaft.

– Zweite technische Revolution: 1000 bis 500 v. u. Z., vor allem charakterisiert durch die beginnende Schmelzung von Eisenerzen und die Herstellung von Arbeitsinstrumenten, wie die eiserne Pflugschar, Handmühlen, Blasebalg und Waffen aus Eisen. Es entstand die materielle Basis der Sklavenhalterordnung.

– Dritte technische Revolution: In Europa mit dem 11. Jahrhundert beginnend, sich auszeichnend durch die Anwendung von Wasserrädern, die nicht nur die Steine von Getreidemühlen, sondern auch viele andere mechanische Vorrichtungen, wie Sägen, Gebläse usw., in Gang hielten, mechanische Uhrwerke, die der Entwicklung der Technik auf vielen Gebieten kräftige Impulse gaben. Es formierte sich die materiell-technische Basis der feudalen Gesellschaft.

– Vierte technische Revolution: die industrielle Revolution des letzten Drittels des 18. bis zum Beginn des 19. Jahrhunderts; Herausbildung der materiell-technischen Basis der kapitalistischen Produktionsweise.

– Fünfte technische Revolution: die gegenwärtige wissenschaftlich-technische Revolution, die in den 50er Jahren unseres Jahrhunderts einsetzte.

Zusammenfassend ergibt sich:

Auch diese sowjetischen Autoren untersuchen vor allem die Beziehungen, die historischen Parallelen und Unterschiede zwischen der industriellen und der wissenschaftlich-technischen Revolution der Gegenwart, sie stellen die letztere aber in die historische Parallele mit all den technischen Revolutionen, die sich jeweils zu Beginn der Herausbildung neuer Gesellschaftsformationen vollzogen haben, und sie betonen, daß die wissenschaftlich-technische Revolution der Gegenwart vor allem der Prozeß der Herausbildung der materiell-technischen Basis des Kommunismus ist, deren Elemente zwar auch unter kapitalistischen Bedingungen in einem bestimmten Umfange entstehen und sich entwickeln können, deren volle Ausbildung jedoch nur unter den gesellschaftlichen Verhältnissen des Kommunismus möglich sein wird.

1.3. *Vier Revolutionen der Produktivkräfte*

Eine andere historische Klassifizierung und Datierung finden wir bei DDR-Autoren. So entwickelt Jürgen Kuczynski[2] eine Theorie, wonach es in der Geschichte der Produktivkräfte vier industrielle Revolutionen gegeben und deren jede zu einer revolutionären Umwälzung der Produktivkräfte insgesamt geführt hat. Es sind dies:

a) Die „erste industrielle Revolution" (1540 bis 1640), die sich vor allem in bedeutenden Fortschritten im Bergbau, in der Metallerzeugung und ganz besonders in der Entwicklung der Manufakturen äußerte. Diese Veränderungen in den Produktivkräften hatten bedeutende Umwälzungen in der sozialen Struktur zur Folge; sie führten zur Herausbildung der Klassen der kapitalistischen Gesellschaft. Eine wichtige Rolle spielten in diesem Prozeß die Veränderungen der Agrarverhältnisse, die teilweise Auflösung bzw. Zurückdrängung der feudalen Abhängigkeiten und der Übergang zu bür-

[2] Jürgen Kuczynski, Vier Revolutionen der Produktivkräfte. Theorie und Vergleiche, Berlin 1975.

gerlich-kapitalistischen Agrarverhältnissen. Kuczynski hebt hervor, daß die Entwicklung der industriellen Produktivkräfte in diesem Jahrhundert zwar auf handwerklicher Produktion beruhte, aber durch eine starke Ausbreitung der Werkstätten der einfachen Kooperation bzw. der Manufakturbetriebe in vielen Bereichen (Tuchindustrie, Papierindustrie und andere) eine erhebliche Vervollkommnung der Werkzeuge und insgesamt einen bedeutenden Aufschwung der Produktivkräfte bewirkten, der letztlich die Herausbildung und Festigung kapitalistischer Produktionsverhältnisse zur Folge hatte.

b) Die zweite industrielle Revolution ist nach Jürgen Kuczynski die „Große Industrielle Revolution" (1760 bis 1860), die in der gesellschaftswissenschaftlichen Literatur allgemein als „industrielle Revolution" bezeichnet wird.

c) Die dritte industrielle Revolution bezeichnet Jürgen Kuczynski als „Elektrotechnische Revolution"; dies sind die revolutionären Veränderungen der Produktivkräfte, hervorgerufen durch die Entwicklung und Einführung des Elektromotors, beginnend etwa in den 70er Jahren des 19. Jahrhunderts und sich vollendend im ersten Jahrzehnt unseres Jahrhunderts. Ausgehend von den Darlegungen der Klassiker des Marxismus-Leninismus über die Rolle der Elektrizität in der Entwicklung der Produktivkräfte, insbesondere vom Leninschen Plan der Elektrifizierung Rußlands und seiner Bedeutung für den Sieg des Sozialismus im ersten Staat der Arbeiter und Bauern, gibt Jürgen Kuczynski ein eindrucksvolles Bild von der Wirkung des Elektromotors, der Elektrizität überhaupt für den Gesamtfortschritt der Produktivkräfte; er weist nach, wie die Elektrizität auf die bedeutendsten Zweige der Industrie revolutionierend wirkte, vor allem auf den Maschinenbau durch den Übergang vom zentralen Energieantrieb zum dezentralen Elektromotor, auf die Entwicklung der Chemie, die ohne die Elektrizität kaum möglich gewesen wäre usw.

d) Die vierte industrielle Revolution ist in dieser Betrachtung die wissenschaftlich-technische Revolution der Gegenwart.

Diese Ausführungen Kuczynskis stießen auf Widerspruch. So setzte sich vor allem Wolfgang Jonas bereits mit einigen Thesen Kuczynskis auseinander.[3] Für den uns interessierenden Zusammenhang ist vor allem folgendes wichtig: Jeweils zwei der von Kuczynski begründeten vier industriellen Revolutionen bilden gewissermaßen immer ein Paar. „Die ganze Problematik der zwei Revolutionspaare, der ersten und dritten und der zweiten wie vierten, entsteht ... daraus, daß die erste und dritte von so großer Bedeutung für die Erzwingung des Übergangs von einer zur anderen Gesellschaftsordnung sind, wäh-

[3] Ebenda.

rend die zweite und vierte von einzigartiger Bedeutung für die Entwicklung der Produktivkräfte und von dorther für die Gestaltung der schon geschaffenen neuen Gesellschaft sind. Die erste Revolution erzwingt die Schaffung kapitalistischer Produktionsverhältnisse und einer kapitalistischen Gesellschaft. Die dritte Revolution erzwingt die Schaffung sozialistischer Produktionsverhältnisse und einer sozialistischen Gesellschaft."[4] Und weiter: „Die zweite legt die Grundlage dafür, daß zum ersten Male in der Geschichte der Menschheit infolge der Steigerung der Produktivität die Werktätigen die Gesellschaft in ihre Hand nehmen können – die erste Voraussetzung für den Sozialismus als erster Phase des Kommunismus. Die vierte schafft den Kommunismus, in dem der Reichtum an der Zeit, die nicht für die ,Notwendigkeiten' gearbeitet wird, gemessen wird. Beide Revolutionen aber können nur stattfinden in Gesellschaftsordnungen, die durch die erste und die dritte Revolution geschaffen wurden – und darin liegt deren außerordentliche Bedeutung, die niemals unterschätzt werden darf – insbesondere wenn man auch so formuliert: „Die erste industrielle Revolution führt zur Schaffung des ,doppelt freien' Arbeiters (wenn auch noch nicht der Arbeiterklasse), die dritte industrielle Revolution führt zur Abschaffung der Ausbeutung des Menschen (wenn auch noch nicht zur allseitigen Entwicklung des Individuums)."[5]

In unserem Zusammenhang interessiert vor allem folgendes: Die These, bereits die dritte industrielle Revolution „erzwinge" den Sozialismus und die wissenschaftlich-technische Revolution „schaffe" den Kommunismus, zieht zwangsläufig die These nach sich, daß die wissenschaftlich-technische Revolution noch gar nicht begonnen hat oder sich erst in den allerersten Anfängen befindet. Und eben diese These wird von Jürgen Kuczynski mit großem Nachdruck betont.

Kuczynski hebt immer wieder hervor, daß sich seiner Ansicht nach die wissenschaftlich-technische Revolution noch „im allerersten Anfangsstadium" befindet und daß sie „in der kapitalistischen Welt wohl kaum darüber hinauskommen" werde.[6] Der Kapitalismus sei nicht nur nicht in der Lage, die wissenschaftlich-technische Revolution zu vollenden, sondern auch nicht, sie auf breiterer Ebene durchzuführen.[7] Hierauf werden wir im Zusammenhang mit den Fragen der Periodisierung der wissenschaftlich-technischen Revolution noch einmal zurückkommen.

4 Ebenda, S. 97.
5 Ebenda, S. 99.
6 Neues Deutschland vom 16. Dezember 1970, S. 5.
7 Vier Revolutionen der Produktivkräfte, a.a.O., S. 119.

1.4. *Wissenschaftlich-technische Revolution – Ablösung der mechanischen technologischen Verfahren*

In der jüngeren Vergangenheit wurde immer häufiger und nachdrücklicher die Auffassung vertreten, daß die führende Rolle in der wissenschaftlich-technischen Revolution nicht, wie überwiegend angenommen wird, der Automatisierung der Produktion zukommt, sondern der Veränderung der technologischen Verfahren. „Die Automatisierung auf elektronischer Basis bringt die Arbeitsmaschine zur Vollkommenheit, aber sie ändert nichts an den grundsätzlichen technologischen Prinzipien, nach denen die Arbeitsgegenstände bearbeitet werden. Die automatischen Arbeitsinstrumente bauen ebenso auf den gegebenen Verarbeitungstechnologien auf, sind ebenso an diese angepaßt wie die mechanischen Arbeitsinstrumente. Hierin liegen auch die Grenzen, die gegenwärtig den Automaten und der gesamten Automatisierung der Produktion gesetzt sind. Deshalb kann sie nicht als Hauptkettenglied der gegenwärtigen wissenschaftlich-technischen Revolution betrachtet werden."[8] Aus dieser Auffassung ergibt sich, daß zwischen der wissenschaftlich-technischen Revolution der Gegenwart und der industriellen Revolution keine historische Parallele gezogen werden kann, denn die industrielle Revolution hat die technologischen Verfahren wenig berührt. „Sehen wir uns nun die Werkzeugmaschine oder eigentliche Arbeitsmaschine näher an, so erscheinen im großen und ganzen, wenn auch oft in modifizierter Form, die Apparate und Werkzeuge wieder, womit der Handwerker und Manufakturarbeiter arbeitet ... Entweder ist die ganze Maschine nur eine mehr oder minder veränderte mechanische Ausgabe des alten Handwerksinstruments, wie bei dem mechanischen Webstuhl, oder die am Gerüst der Arbeitsmaschine angebrachten tätigen Organe sind alte Bekannte, wie Spindeln bei der Spinnmaschine, Nadeln beim Strumpfwirkerstuhl ... Die Werkzeugmaschine ist also ein Mechanismus, der ... mit seinen Werkzeugen *dieselben Operationen* verrichtet, welche früher der Arbeiter mit ähnlichen Werkzeugen verrichtete."[9] In der Tat verhält es sich so, daß die heute noch vorherrschenden technologischen Verfahren, wie das Schmelzen von Metallen, das Trennen und Zusammenfügen sowie die Verfahren der Formveränderung der Werkstoffe, das Nähen, Spinnen, Weben usw., viele hundert oder gar tausend Jahre alt sind. Diese Verfahren sind von der industriellen Revolution des 18./19. Jahrhunderts *in*

[8] Autorenkollektiv unter Leitung von N. A. Wilenski, Wissenschaftlich-technischer Fortschritt und Effektivität der gesellschaftlichen Produktion, Berlin 1972, S. 274.

[9] Karl Marx, Das Kapital, Erster Band, in: K. Marx/F. Engels, Werke (im folg. zit. als: MEW), Bd. 23, Berlin 1962, S. 393/394. (Hervorhebung – H. N.).

ihrem Prinzip kaum verändert worden. Die technologischen Verfahren gehören in der bisherigen Entwicklung der Produktivkräfte zu den konservativsten Elementen des technischen Fortschritts überhaupt. Ohne Zweifel bedeutet die qualitative Veränderung technologischer Verfahren, die Einführung neuer Wirkprinzipien, eines der revolutionierendsten Elemente der gegenwärtig wissenschaftlich-technischen Revolution. Für die herkömmlichen technologischen Verfahren ist charakteristisch, daß sie die äußere (geometrische) Form der Arbeitsgegenstände verändern, d. h. mechanische Verfahren sind.

G. Danilin ist der Auffassung, daß weder die elektronische Rechentechnik noch die Automatisierung traditioneller technologischer Prozesse, noch die Kernenergie oder neuartige Werkstoffe „für sich eine revolutionäre Umwälzung in den Produktivkräften auslösen (können). Sie können nicht Ausgangspunkt und materielle Grundlage der Revolution in den Produktivkräften sein, obwohl sie eine wichtige Rolle bei deren Fortschritt spielen. Deshalb sind sie auch nicht Ausdruck des Wesens der wissenschaftlich-technischen Revolution."[10] Er ist der Auffassung: „... die Revolution in den Produktivkräften muß sich als *technologische Revolution* äußern. Der Wechsel der Technologien bildet den *naturwissenschaftlichen Inhalt* der Umwälzung in den Produktivkräften: Die Erschöpfung der Potenzen der Ausnutzung bestimmter Naturgesetze (Bewegungsformen der Materie) macht es objektiv notwendig, dazu überzugehen, in den Arbeitsmitteln andere Naturgesetze (Bewegungsform der Materie) zu vergegenständlichen, und zwar solche, die größere technologische Potenzen haben."[11] Danilin sieht das Wesen der wissenschaftlich-technischen Revolution darin, daß sich „objektiv ein gesetzmäßiger Prozeß der *Ablösung der Technologien* (vollzieht): Es erfolgt der Übergang zur Anwendung verschiedener Arten nichtmechanischer Technologien unmittelbar in den Bearbeitungsprozessen. Da die nichtmechanischen Bewegungsformen der Materie (auf der molekularen, der atomaren und der subatomaren Ebene) nicht unmittelbar durch die Sinnesorgane des Menschen kontrolliert werden können, ist ihre technologische Nutzung nur unter der Voraussetzung möglich, daß die früher von den Arbeitern ausgeübten Steuerfunktionen technischen Geräten übertragen werden."[12] Manche Autoren leiten aus diesem Prozeß der Ablösung mechanischer Technologien durch nichtmechanische auch die gesetzmäßige Tendenz der Verwandlung der Wissenschaft in eine unmittelbare Produktivkraft ab. Während die

[10] G. Danilin. Über das Wesen der wissenschaftlich-technischen Revolution, in Sowjetwissenschaft, Gesellschaftswissenschaftliche Beiträge, 6/1977, S. 613.
[11] Ebenda, S. 614.
[12] Ebenda, S. 615.

mechanischen Verfahren der unmittelbaren Sinneswahrnehmung zugänglich sind, weil sie eben nur die äußere Gestalt der Werkstoffe verändern, bedeuten die nichtmechanischen Verfahren Veränderungen der inneren Struktur der Werkstoffe, deren Gesetzmäßigkeiten nur durch die Wissenschaft aufgedeckt werden können, die der unmittelbaren Sinneswahrnehmung nicht zugänglich sind, und die folglich insgesamt die Wissenschaft zum wesentlichsten Ausgangspunkt der Höherentwicklung der Technik, der Produktivkräfte überhaupt machen. Eben aus diesen Veränderungen in den technologischen Verfahren wird der universelle Charakter der wissenschaftlich-technischen Revolution abgeleitet.

Ohne Zweifel wird durch eine solche Charakterisierung des Wesens der wissenschaftlich-technischen Revolution ihr Platz in der Geschichte der Produktivkräfte am exponiertesten herausgehoben; sie wird eigentlich nur mit einem „Punkte" in der Entwicklung der menschlichen Produktivkräfte vergleichbar, mit der beginnenden Herstellung von Werkzeugen, die zugleich auch die Wiege der meisten technologischen Verfahren war, die bis auf den heutigen Tag noch dominieren. Die These, daß die industrielle Revolution und die wissenschaftlich-technische Revolution von ihrem grundlegenden Prinzip her – die Hervorbringung neuer technologischer Verfahren – identisch sind, darf angezweifelt werden. Sie ist durch viele Autoren eindeutig widerlegt, und sie widerspricht auch den Aussagen von Marx darüber, daß die industrielle Revolution keine tiefgreifenden qualitativen Veränderungen der technologischen Verfahren zur Folge hatte. Aus all dem geht hervor, daß es für die Einordnung der wissenschaftlich-technischen Revolution in den geschichtlichen Entwicklungsprozeß der Produktivkräfte, für die Bestimmung ihres Ausmaßes, ihrer historischen Tragweite unerläßlich ist, die Frage zu beantworten, welches generell Kriterien technischer Revolutionen sind, mit welchen anderen Umwälzungen in der Geschichte der Produktivkräfte die gegenwärtige wissenschaftlich-technische Revolution etwa vergleichbar wäre. Die marxistisch-leninistische Theorie läßt auf die Frage nach den Kriterien technischer Revolutionen in letzter Konsequenz nur eine Antwort zu: Die Steigerung der Produktivkraft gesellschaftlicher Arbeit. Was am technischen Fortschritt wirklich „fortschrittlich" ist, und in welchem Grade, läßt sich letztlich überhaupt nicht an technischen Parametern, sondern nur an Hand ökonomischer, sozialer Kriterien bestimmen. Nur werden hieraus häufig vereinfachende Schlußfolgerungen gezogen, die sich einmal daraus ergeben, daß die komplizierte Dialektik des technischen Fortschritts ungenügend berücksichtigt wird, zum anderen aber auch die Veränderungen in Produktion und Reproduktion wirtschaftlicher Ressourcen nicht genügend in Rechnung gestellt werden. So werden mitunter auf dem Wege recht unvermittelter Ableitung des Fortschritts der wissenschaftlich-technischen Revolution aus der Entwicklung der gesellschaftlichen Arbeitsproduktivität nicht überzeugende Schlüsse gezogen. Jürgen Kuczynski beispielsweise sucht seine These, daß die wissenschaftlich-technische Revolution sich noch in den allerersten Anfängen befinde, mit dem Nachweis zu begründen, daß nirgendwo in der Welt, namentlich auch nicht im Hauptland des Kapitalismus, in den USA, in den letzten Jahrzehnten ein beschleunigtes Wachstum der Arbeitsproduktivität festzustellen sei. Er analysierte die Steigerungsraten der Arbeitsleistung pro Beschäftigten und Stunde in der US-amerikanischen Industrie in den sieben Jahrzehnten unseres Jahrhunderts und kommt zu dem folgenden Schluß: „Es kann gar nicht die Rede davon sein, daß die ersten Anfänge der wissenschaftlich-technischen Revolution bereits irgendwie zu einer stärkeren Steigerung der Arbeitsleistung in der amerikanischen Industrie geführt haben. Vielmehr können wir feststellen, daß die durchschnittliche Steigerung der Arbeitsleistung pro Jahrzehnt in den dreißiger Jahren von 1930/39 bis 1960/69 unter dem Niveau der Steigerung der dreißiger Jahre von 1900/09 bis 1930/39 lag. Das heißt, für die Steigerung der Arbeitsproduktivität in der USA-Industrie waren in erster Linie noch die ‚alten Methoden' verantwortlich, die Marx im ‚Kapital' einmal die Methoden der ‚mechanisch-chemischen Revolution' genannt hat."[13]

Und in dem Buch „Vier Revolutionen der Produktivkräfte" heißt es: „Die Wissenschaftlich-technische Revolution mit ihrem Kernprozeß, der komplexen und Vollautomatisierung, spielt in dem wissenschaftlich und technisch am meisten fortgeschrittenen kapitalistischen Lande, den Vereinigten Staaten von Amerika, noch eine so geringe Rolle, daß keine Steigerung im Tempo der Zuwachsrate der Produktivität in der Industrie nach dem zweiten Weltkrieg gegenüber den Vorkriegsjahrzehnten zu beobachten ist."[14]

Es muß allerdings eingeräumt werden, daß die Annahme, die wissenschaftlich-technische Revolution werde zu einer spürbaren Beschleunigung des Wachstumstempos der Arbeitsproduktivität führen, aus der Sicht wirtschaftshistorischer Analogie zwischen der wissenschaftlich-technischen Revolution und der industriellen Revolution durchaus berechtigt ist. Die industrielle Revolution des 18./19. Jahrhunderts hat in der Tat zu einer geradezu sprunghaften Beschleunigung der Entwicklung der Arbeitsproduktivität geführt. Sie hat den gesamten Rhythmus der Entwicklung der Produktivkräfte grundlegend verändert; sie war der Ausgangspunkt einer hohen und anhaltenden Dynamik der Entwicklung der Produktivkräfte. Die Jahrzehnte vor der industriellen Revolution unterschieden sich deutlich

[13] Siehe Neues Deutschland vom 16. 12. 1970, S. 5.
[14] J. Kuczynski, Vier Revolutionen der Produktivkräfte, a.a.O., S. 126.

von denen nach der industriellen Revolution im Tempo der Steigerung der Arbeitsproduktivität. Müßten nicht ähnliche Wirkungen von der wissenschaftlich-technischen Revolution erwartet werden, die – was wohl kaum bestritten wird – wesentlich tiefgreifendere und universellere Veränderungen im gesamten System der Produktivkräfte hervorruft? Aus der Sicht wirtschaftshistorischer Analogie trifft die „Beweispflicht" gewissermaßen nicht diejenigen, die eine sprunghafte Steigerung der gesellschaftlichen Arbeitsproduktivität im Ergebnis der wissenschaftlich-technischen Revolution erwarten, sondern vielmehr diejenigen, die diese Erwartungen nicht teilen.

Zunächst muß gesagt werden: Die Entwicklung der Technik vollzieht sich in allen ihren Bereichen keineswegs gleichmäßig, auch nicht unter den Bedingungen der wissenschaftlich-technischen Revolution, die insgesamt eine universelle qualitative Umwälzung der technischen Basis der Gesellschaft zur Folge hat. Einerseits gibt es technische Umwälzungen, die zu ihrer Zeit starke effektivitätssteigernde Wirkung hatten, ohne daß ihnen aus größerer historischer Distanz die Merkmale einer technischen Revolution zukämen. Zur Zeit der Einführung der Dampfmaschine hat es gewiß keine andere technische Neuerung gegeben, die auf die Entwicklung der Produktivkräfte einen so großen Einfluß gehabt hätte. Das gleiche gilt natürlich für die Periode der Ablösung der Dampfkraft durch den Elektromotor. Ebensowenig kann bestritten werden, daß zur Zeit der Einführung und massenhaften Anwendung des Verbrennungsmotors kaum eine andere technische Neuerung eine vergleichbare Steigerung der Produktivkraft menschlicher Arbeit bewirkt hätte. Diese Ungleichmäßigkeit verstärkt sich unter den Bedingungen der wissenschaftlich-technischen Revolution ganz offensichtlich; es gibt wohl heute kaum einen Bereich der Technik, in dem alle wesentlichen technisch-ökonomischen Kennziffern sich in einem solchen Tempo verändern würden wie auf dem Gebiete der elektronischen Bauelemente, der Mikroelektronik. Bewirkt die Mikroelektronik aber eine besondere technische Revolution, eine „dritte industrielle Revolution", wie dies in der bürgerlichen Literatur der jüngeren Vergangenheit wiederholt behauptet wurde, oder ist sie nicht vielmehr kennzeichnend für eine bestimmte Etappe der wissenschaftlich-technischen Revolution der Gegenwart? Wird bei einem solchen Herangehen die Zahl der industriellen bzw. technischen Revolutionen nicht überhaupt unübersehbar? Eine solch vereinfachte Handhabung dieses entscheidenden Kriteriums – Steigerung der gesellschaftlichen Produktivkraft der Arbeit – ist sicher auch die Ursache dafür, daß wir in der marxistisch-leninistischen Literatur so viele Antworten auf die Frage nach dem bestimmenden Prozeß der wissenschaftlich-technischen Revolution, ihrem naturwissenschaftlich-technischen Inhalt finden. Meines Erachtens ist die Frage, ob die stärksten Impulse für die Steigerung der Arbeitsproduktivität von der Entwicklung neuer Werkstoffe, der Chemie überhaupt, von neuen Energiequellen oder von neuen technologischen Verfahren, von der Rechentechnik oder von der Entwicklung der Robotertechnik, ausgehen, zunächst praktisch nicht zu beantworten. Und zwar nicht zuletzt deswegen, weil alle diese technischen Entwicklungen einander beeinflussen, mitunter einander zur Voraussetzung haben, die eine durch die andere erst voll zur Wirkung gelangt. Selbst wenn es gelänge, die ökonomischen Wirkungen dieser einzelnen Entwicklungen auf die gesellschaftliche Arbeitsproduktivität zu separieren, würden wir auf diesem Wege nicht ohne weiteres eine begründete Antwort auf die Frage nach dem bestimmenden Prozeß der wissenschaftlich-technischen Revolution erhalten. Marx hat sehr überzeugend die große ökonomische Bedeutung der Dampfmaschinerie nachgewiesen; er zeigte, wie erst durch sie die ökonomischen Potenzen der Arbeitsmaschine wirksam wurden, die maschinelle Produktion überhaupt sich entfalten konnte. Und dennoch hat er nachdrücklich betont, daß die führende Rolle in der industriellen Revolution, in der maschinellen Großproduktion überhaupt der Arbeitsmaschine zukommt. Oder erinnern wir uns an die Leninsche Strategie der Entwicklung der Produktivkräfte der jungen Sowjetmacht, an den von Lenin begründeten Plan der Elektrifizierung als das erste gesamtwirtschaftliche Konzept der Entwicklung der Produktivkräfte eines Landes, an die von ihm geprägte Formel „Kommunismus gleich Sowjetmacht plus Elektrifizierung des gesamten Landes". Wir finden bei Lenin keinen Hinweis, der die heute in der Literatur anzutreffende These stützen könnte, daß die Entwicklung der Elektroenergie, neuer Energiequellen überhaupt der bestimmende Prozeß der wissenschaftlich-technischen Revolution sein könnte. Offensichtlich genügt es nicht, nur von den *Wirkungen* auf die Entwicklung der gesellschaftlichen Arbeitsproduktivität auszugehen, die durch einzelne technische Umwälzungen verursacht, durch eine Vielzahl konkreter historischer Besonderheiten, zeitweiliger Umstände beeinflußt sein können; offensichtlich ist es notwendig, größeres Augenmerk langfristig wirkenden *Ursachen*, den Quellen der Steigerung der Arbeitsproduktivität, zu schenken.

Andererseits können Beginn und zum Teil auch der Verlauf der wissenschaftlich-technischen Revolution nicht so direkt und eindeutig an der Entwicklung der Arbeitsproduktivität abgelesen werden wie dies bei der industriellen Revolution möglich war. Folgende Gründe spielen hier sicher eine Rolle:

1. Die wissenschaftlich-technische Revolution der Gegenwart vollzieht sich unter weitaus komplizierteren sozialökonomischen Bedingungen als die industrielle Revolution. War die industrielle Revolution eingeordnet in den Prozeß der Ablösung einer Ausbeuterordnung durch eine andere – ihr sozialökonomisches Wesen bestand in der Herausbildung der materiell-technischen Basis des Kapitalismus –,

so vollzieht sich die wissenschaftlich-technische Revolution unter den Bedingungen der tiefgreifendsten gesellschaftlichen Umwälzung in der Geschichte der Menschheit, des weltweiten Übergangs vom Kapitalismus zum Sozialismus, der Überwindung der Ausbeuterordnung insgesamt.

Aus der Entwicklung der Arbeitsproduktivität in den USA auf Beginn und Fortgang der wissenschaftlich-technischen Revolution zu schließen, ist schon deshalb nicht berechtigt, weil hier die aus dem Wesen des Kapitalismus resultierende Unfähigkeit dieser Ordnung, ökonomischen in sozialen Fortschritt umzuwandeln und damit auch die ökonomischen Potenzen der wissenschaftlich-technischen Revolution systematisch und in vollem Umfange zu erschließen, nicht in Rechnung gestellt wird. Die im Prozeß der wissenschaftlich-technischen Revolution sich allmählich herausbildende materiell-technische Basis widerspricht in ihrem sozialökonomischen Wesen – darauf wird noch zurückzukommen sein – den kapitalistischen Produktionsverhältnissen.

Was die sozialistischen Länder angeht, so fiel die Anfangsetappe der wissenschaftlich-technischen Revolution in eine Periode der wirtschaftlichen Entwicklung, die noch in sehr starkem Maße durch Elemente der extensiven Reproduktion charakterisiert war. Dies hat sich in den siebziger Jahren grundlegend geändert; es gibt keinen Zweifel daran, daß die Erschließung der ökonomischen Effekte der wissenschaftlich-technischen Revolution der Hauptinhalt der konsequenten Intensivierung der sozialistischen Volkswirtschaften, das Hauptfeld des ökonomischen Wettbewerbs mit dem Kapitalismus geworden ist.

2. Die wissenschaftlich-technische Revolution vollzieht sich unter Bedingungen einer zunehmenden Verknappung bzw. Verteuerung der natürlichen Ressourcen. Luft und Wasser waren unter den Bedingungen der industriellen Revolution gewissermaßen kostenlos und unbegrenzt vorhanden; Vorräte an herkömmlichen Rohstoffen (Kohle, Eisenerz und andere) schienen unbegrenzt vorhanden zu sein. All dies hat sich in den vergangenen Jahrzehnten gründlich verändert; nicht in dem Sinne, wie bürgerliche Ideologen dies für die Begründung sehr spektakulärer Theorien über die Notwendigkeit eines „Nullwachstums" aufführen, wohl aber in dem Sinne, daß der Aufwand für die Gewinnung und Erstverarbeitung dieser natürlichen Ressourcen beständig steigt. Dies bedeutet, daß in einem großen Bereich der Wirtschaft sich die allgemeinen Bedingungen der Effektivitätsentwicklung tendenziell verschlechtern. Dem entgegenzuwirken erfordert die systematische Erschließung der ökonomischen Effekte der wissenschaftlich-technischen Revolution. Daß sie unter diesen Bedingungen nicht zu sprunghaften Steigerungen der gesellschaftlichen Arbeitsproduktivität führen kann, ist wohl verständlich. Es

müßte umgekehrt gesagt werden: die *Aufrechterhaltung* des heutigen Tempos des Wirtschaftswachstums erfordert einen steigenden Beitrag von Wissenschaft und Technik zum Leistungsanstieg der Wirtschaft, die zielstrebige Verwirklichung der wissenschaftlich-technischen Revolution in ihren dialektischen Wechselwirkungen mit den evolutionären Veränderungen in der Technik.

3. Die Beziehungen zwischen den revolutionären Umwälzungen in Wissenschaft und Technik, der Veränderung der vorhandenen materiell-technischen Basis und dem ökonomischen Fortschritt sind unter den Bedingungen der wissenschaftlich-technischen Revolution zweifellos komplizierter, als sie es unter den Bedingungen der industriellen Revolution waren. Die wissenschaftlich-technische Revolution besitzt ohne Zweifel eine größere historische Dimension, so daß sich ihre ökonomischen Wirkungen gewissermaßen über einen längeren Zeitraum verteilen. Während in der industriellen Revolution binnen weniger Jahrzehnte die wichtigsten Arbeitsmittel revolutionär umgestaltet wurden und im Ergebnis dessen eine qualitativ neue technische Basis entstand, werden im Prozeß der wissenschaftlich-technischen Revolution alle materiell-gegenständlichen Elemente der Produktivkräfte umgestaltet, grundlegend qualitativ verändert. Allerdings vollzieht sich diese Umwälzung nicht in allen Bereichen gleichzeitig und nicht in einem gleichmäßigen Tempo. Dies bedeutet, daß sich zwar auch im Ergebnis der wissenschaftlich-technischen Revolution eine qualitativ neue materiell-technische Basis der Gesellschaft herausbildet, jedoch ist der Zeitraum wesentlich größer. Die materiell-technische Basis der Gesellschaft entsteht gewissermaßen durch die Akkumulation partieller revolutionärer Umgestaltungen in den verschiedensten Bereichen der materiell-technischen Basis, dialektisch verbunden mit evolutionären technischen Veränderungen. Es kann m. E. keinen Zweifel darüber geben, daß die volle Herausbildung der neuen Qualität der materiell-technischen Basis im Ergebnis der industriellen Revolution weniger Zeit erforderte als der Prozeß der Herausbildung der neuen Qualität der materiell-technischen Basis, wie sie im Ergebnis der wissenschaftlich-technischen Revolution der Gegenwart entsteht.

Vergleichen wir beispielsweise die ökonomischen Voraussetzungen und Wirkungen der typischen Veränderungen der Arbeitsmittel in der industriellen und in der wissenschaftlich-technischen Revolution. Mit der Ablösung des Spinnrades und des Handwebstuhls durch die Spinn- und Webmaschinen vollzog sich eine sprunghafte Steigerung der Arbeitsproduktivität, eine außerordentliche Verbilligung der Herstellung textiler Flächengebilde. Wie elementar und schlagartig die sozialen Auswirkungen dieser Veränderungen sein könnten, beweist das Schicksal der indischen Weber, die gewissermaßen über Nacht durch die Einführung des mechanischen Webstuhls ihre Existenzgrundlagen verloren, zu Hunderttausenden dem Hungertod preisgegeben wurden.

Insgesamt werden die ökonomischen Wirkungen der wissenschaftlich-technischen Revolution von größerer Dimension sein als die der industriellen Revolution. Die bedeutendste Veränderung der Qualität der Arbeitsmittel in der wissenschaftlich-technischen Revolution ist die Übertragung der Funktion der Steuerung und Regelung technologischer Prozesse vom Menschen auf die Maschine. Im Prozeß der Steuerung und Regelung technologischer Abläufe sind nun Geschwindigkeiten der Informationsverarbeitung möglich, die das Zehntausendfache oder Hunderttausendfache dessen betragen, wozu der Mensch fähig ist. Auch hier scheinen sprunghafte Steigerungen der Arbeitsproduktivität in vergleichbaren Größenordnungen und Zeiträumen, wie sie die industrielle Revolution bewirkt hat, möglich zu sein. Die praktischen Erfahrungen indes lehren auch: Die durch den Übergang zur automatischen Steuerung und Regelung mögliche Steigerung der Arbeitsproduktivität ist in der Tat außerordentlich groß, aber sie ist zunächst eben nur der Möglichkeit nach gegeben. Ihre tatsächliche Ausschöpfung ist untrennbar mit durchgreifenden komplexen Prozessen der Rationalisierung verbunden, mit anspruchsvollen Aufgaben, beginnend mit der Forschung und Entwicklung bis zu Investitionsmaßnahmen, Veränderungen in der Technologie und Organisation der Produktion.

In den siebziger Jahren hat die wissenschaftlich-technische Revolution ohne Zweifel neue, kräftige Impulse erhalten; die Möglichkeiten, durch wissenschaftlich-technischen Fortschritt ökonomischen Fortschritt zu bewirken, sind spürbar gewachsen. Die Grundidee der vom X. Parteitag der SED beschlossenen ökonomischen Strategie für die achtziger Jahre besteht eben darin, die Vorzüge unserer sozialistischen Ordnung zunehmend wirksamer einzusetzen, um diese spürbar gewachsenen ökonomischen Potenzen der wissenschaftlich-technischen Revolution systematisch zu erschließen und auch unter den in vieler Hinsicht ungünstigeren Reproduktionsbedingungen ein stabiles wirtschaftliches Wachstum zu sichern, die Politik der Hauptaufgabe konsequent fortzuführen.

Die Beschleunigung des wissenschaftlich-technischen Fortschritts vollzieht sich vor allem auf dem Gebiete der Mikroelektronik, der Robotertechnik und der elektronischen Steuerungen. Vor allem in den Einsatzbereichen dieser Techniken ist in der Tat eine spürbare Temposteigerung in der Entwicklung der Arbeitsproduktivität eingetreten bzw. abzusehen.

Es ist theoretisch wie praktisch außerordentlich wichtig, die ökonomischen Wirkungen dieser modernen technischen Entwicklungen realistisch zu beurteilen. Die ökonomischen Effekte, die sie *potentiell* enthalten, sind außerordentlich groß. Dies verdeutlichen zum Beispiel solche technisch-ökonomischen Kennziffern, daß durch den Einsatz der Mikroelektronik vom Gewicht her 100 kg diskrete elektronische Bauelemente (auf Halbleiterbasis) durch einen Schaltkreis mit einem Gewicht von 5 mg erzielt werden kann; bzw. eine Fläche von 6 m^2 bestückt mit diskreten Bauelementen durch einen Schaltkreis von 0,20 cm^2.

Der Erwartungshorizont, den solche Beispiele erzeugen – und sie sind sehr zahlreich –, ist außerordentlich hoch. Aber sind denn auch *ökonomische* Fortschritte in annähernden Größenordnungen denkbar, wie sie dieses Verhältnis von 6 $m^2 : \frac{1}{4}$ cm^2 ausdrückt? Natürlich nicht. Also ist es vielleicht mit der Mikroelektronik und der Robotertechnik „doch nicht so weit her"? Die Auseinandersetzung mit wirklich euphorischen Vorstellungen über die kurzfristig erreichbaren ökonomischen Effekte dieser modernen technischen Entwicklungen und mit solchen, die vor übersteigerten Erwartungen nur warnen und die großen potentiellen, qualitativ neuen Effektivitätsquellen nicht erkennen bzw. verkleinern, kann nicht überzeugend geführt werden, wenn sie allgemein abstrakt erfolgt: Richtige Antworten über die ökonomische Tragweite dieser Entwicklungen werden sich gewiß nur finden lassen, wenn *erstens* die ökonomischen Potenzen, die sie prinzipiell einschließen und die sich mit dem Fortschritt dieser modernen Technik in schnellem Tempo weiter vergrößern, in ihren wirklichen Dimensionen realistisch dargestellt und nicht bagatellisiert werden; und wenn *zweitens* das ganze Ausmaß der Anstrengungen verdeutlicht wird, die notwendig sind, um die Probleme der möglichst effektiven Anwendung dieser Technik zu meistern.

Die umfangreichsten Erfahrungen darüber, wie die ökonomischen Potenzen revolutionärer technischer Umwälzungen systematisch erschlossen werden können, besitzen wir über die Einsatzvorbereitung der elektronischen Datenverarbeitung. Auch hier gibt es technisch-ökonomische Kennziffern, welche die Vorstellung suggerieren, daß die Anschaffung und der Einsatz dieser modernen technischen Mittel der Informationsverarbeitung schnelle und sprunghafte Steigerungen der Arbeitsproduktivität ermöglichen würden. Moderne Rechner vollziehen in der Sekunde eine halbe Million Rechenoperationen; der Mensch dagegen benötigt für die Ausführung einer elementaren logischen Operation etwa eine Zehntelsekunde. Da ist es natürlich naheliegend, vom Einsatz dieser technischen Mittel geradezu explosivartige Steigerungen der Produktivität zu erwarten. Diese ökonomischen „Sprünge" waren jedoch nirgendwo eingetreten. Besonders deutlich machte sich Ende der sechziger Jahre in den Ländern, die im Computereinsatz am weitesten fortgeschritten waren, namentlich in den USA, eine Enttäuschung über seine ökonomischen Ergebnisse breit.[15]

[15] „Computer wurden bislang für das sicherste Heilmittel aller Probleme und

Es war von Prestigeinvestitionen die Rede, davon, daß viele Abnehmer von EDV-Anlagen den Werbekampagnen der Produzenten aufgesessen waren. Neben den allgemeinen, durch das Profitsystem verursachten Elementen wirtschaftlicher Unrationalität spielten hier auch Fehleinschätzungen über die kurzfristig erschließbaren ökonomischen Potenzen des EDV-Einsatzes eine Rolle. Heute wissen wir auch durch eigene Erfahrungen, daß es mit dem Kauf und dem „Einsatz" der Geräte nicht getan ist, daß eine große Diskrepanz zwischen der Rechengeschwindigkeit und der Arbeitsgeschwindigkeit der Ein- und Ausgabegeräte besteht, daß diese Rechengeschwindigkeit nur in dem Maße genutzt werden kann, wie den EDV-Anlagen in der Tat komplizierte mathematische Aufgaben eingegeben werden. Ebenso bekannt ist, daß die Hauptschwierigkeit in der mathematischen Modellierung der zu lösenden Aufgaben besteht und diese wiederum von der theoretischen Durchdringung der realen Prozesse abhängt; daß die möglichst tiefgründige Analyse dieser Prozesse folglich das Entscheidende ist; daß die Aufwendungen für die Erarbeitung bzw. Beschaffung der sogenannten „Programmunterlagen" ständig steigen und heute im allgemeinen höher sind als die Aufwendungen für die Gerätetechnik; daß es häufig notwendig ist, Informationsströme neu zu ordnen, das Belegwesen zu ändern usw.; daß hohe Anforderungen an die Qualifikation des Bedienpersonals gestellt werden.

Wenn die Voraussetzungen eines effektiven Einsatzes der elektronischen Datenverarbeitung zielstrebig, auf der Grundlage eines klaren Konzepts, geschaffen werden, sind in der Tat ökonomische Effekte erzielbar, die auf anderem Wege in solchen Größenordnungen nicht erreicht werden können. So wurden zum Beispiel in einem unserer Kombinate durch den Einsatz der elektronischen Rechentechnik (verbunden mit der Bildschirmtechnik) in der Konstruktion und der technologischen Produktionsvorbereitung Zeiteinsparungen *um* 95 Prozent erreicht.

Auch für die Mikroelektronik und die Industrieroboter gilt, daß sie nicht einfach „angewandt" oder „eingesetzt" werden können. Im allgemeinen müssen die technologischen Prozesse im Anwendungsbereich verändert werden, müssen bestimmte Anpassungen des technischen Umfeldes vorgenommen werden. Dabei kann sich erweisen, daß Aufgaben, die der Mensch gewissermaßen „nebenbei" erledigt, im Falle des Einsatzes eines Industrieroboters besondere technische Probleme mit sich bringen, besondere Aufwendungen verursachen.

Übel des Top-Managements gehalten. Nachdem nun aber in den vergangenen 15 Jahren etwa 60 000 Computer gekauft oder gemietet worden sind, sehen sich die Unternehmer immer weniger imstande, mit Sicherheit zu behaupten, daß sich das alles gelohnt habe." (Computers can't solve Everything, Fortune, Oktober 1969, S. 162/163).

Wenn zum Beispiel Gußstücke manuell, mit Hilfe von Hand geführter Werkzeuge geputzt werden, muß sich das Werkstück keineswegs immer in genau ein und derselben Lage befinden. Das ist aber unbedingt erforderlich, wenn ein Industrieroboter (der ersten Generation) eingesetzt wird. Die Aufwendungen für die notwendigen Veränderungen des Umfeldes erfordern etwa 60 bis 150 Prozent des Preises der Industrieroboter selbst.

Mitunter wird das gegenwärtige Stadium in der Anwendung der Mikroelektronik und der Robotertechnik mit den ersten Exemplaren des Automobils verglichen, die zunächst nichts anderes waren als eine relativ einfache Kombination von Droschke und Verbrennungsmotor. Und es wird hinzugefügt, daß die wirklichen ökonomischen Effekte der Mikroelektronik und Robotertechnik nur in dem Maße erschlossen werden können, wie sie nicht der herkömmlichen Technik und Technologie aufgepfropft werden, sondern zu entsprechenden qualitativen Veränderungen in Technik, Technologie und Organisation führen. Dieser Vergleich ist in der Tat in mancher Hinsicht zutreffend und aufschlußreich. Er verdeutlicht, daß die entscheidenden Voraussetzungen für eine effektive Anwendung dieser modernen technischen Entwicklungen in den Anwenderbereichen geschaffen werden müssen und läßt das Ausmaß dieser Veränderungen in der Zukunft erkennen. Dennoch darf eines nicht übersehen werden: Die Tatsache, daß der Verbrennungsmotor, der das Verkehrswesen revolutionierte, zunächst einfach mit einer Droschke kombiniert wurde, kann nicht den ersten Automobilbauern zum Vorwurf gemacht werden. Dies entsprach durchaus der Logik der Entwicklung der Technik, die immer – auch bei revolutionären Veränderungen – an Vorhandenes anknüpft, auf der vorhandenen materiell-technischen Basis beruht, durch diese verwirklicht werden muß. Und schließlich: Dieses Droschkenauto war ja von Anfang an nicht in erster Linie eine Droschke, obwohl es ganz so aussah, sondern etwas völlig Neues – ein *Automobil*, ein *sich selbst bewegendes Gefährt*.

Damit soll gesagt sein, daß das Gebot einer möglichst investitionsarmen Rationalisierung auch für die Meisterung der komplizierten Prozesse der wissenschaftlich-technischen Revolution gilt. Es ist deshalb von größter Wichtigkeit, den Einsatz von Mikroelektronik und Robotertechnik nicht nur von diesen Techniken her zu konzipieren, sondern vor allem aus der Sicht der Erhöhung der Effektivität der vorhandenen materiell-technischen Basis, des fungierenden Reproduktionsprozesses. Es wird oft übersehen, daß es der objektiven Logik der Entwicklung der materiell-technischen Basis überhaupt entspricht, revolutionäre technische Umwälzungen zunächst mit dem vorhandenen technischen Potential zu verbinden – diese Möglichkeiten sind in der wissenschaftlich-technischen Revolution viel größer als in der industriellen Revolution, in der sich auch außerordentlich große Umwälzungen in den quantitativen Dimensionen der Arbeitsmittel vollzogen –, es weitgehend mit diesem Potential auch zu produzieren. Die Entwicklung der materiell-technischen Basis weist eine viel größere Kontinuität auf als die von der Wissenschaft hervorgebrachten Erzeugnisse und Verfahren; man kann nicht in gleichem Ausmaß und Tempo die materiell-technische Basis auswechseln wie Erzeugnis- und Verfahrensgenerationen.

Aus all dem ergibt sich, daß über den ökonomischen Effekt des Einsatzes der Mikroelektronik und der Industrieroboter seine wirksame Verbindung mit den Erneuerungsprozessen der vorhandenen materiell-technischen Basis entscheidet. In *diesem* Sinne ist in der Tat jedes „Aufpfropfen" zu vermeiden. Die qualitative Erneuerung der materiell-technischen Basis bringt die höchsten Ergebnisse, wenn sie komplex erfolgt, mit dem Ziel der Erhöhung der Effektivität des gesamten Reproduktionsprozesses. Dies ist keineswegs identisch mit investitionsaufwendigen, vollständigen Erneuerungen des Anlagevermögens; im Gegenteil: die Erneuerung muß mit dem Ziel erfolgen, das vorhandene materiell-gegenständliche Potential weitgehend zu nutzen, die Investitionen so einzusetzen, daß die im vorhandenen Anlagevermögen enthaltenen Effektivitätspotenzen in möglichst hohem Maße erschlossen werden. Am effektivsten sind die Erneuerungsprozesse der materiell-technischen Basis, die zwischen dem Neubau und punktuellen technischen Veränderungen liegen.

Es hat sich offenbar als ein sehr fruchtbarer Ausgangspunkt für die Erhöhung der ökonomischen Wirksamkeit des wissenschaftlich-technischen Fortschritts erwiesen, denselben in sehr starkem Maße auch unter dem Blickwinkel der Erfordernisse und Bedingungen der Erneuerung der vorhandenen materiell-technischen Basis, des fungierenden Reproduktionsprozesses zu betrachten. Auf diese Weise rücken die Fragen nach der Ausbreitungsgeschwindigkeit technischer Neuerungen, ihrer hochwirksamen Verbindung mit der vorhandenen materiell-technischen Basis, der Aufnahmefähigkeit des vorhandenen Wirtschaftsorganismus für technische Neuerungen, seine Fähigkeit des Umsetzens technischer Neuerungen in ökonomische Resultate, in den Vordergrund. Die Beschleunigung des wissenschaftlich-technischen Fortschritts erfordert eine gründliche Analyse all der Faktoren und Bedingungen, die die Aufnahmefähigkeit der materiell-technischen Basis für qualitative Veränderungen bestimmen bzw. beeinflussen.

Daraus folgt, daß die Erschließung qualitativ neuer Quellen für die Steigerung der Produktivkraft menschlicher Arbeit das letztlich entscheidende Kriterium wissenschaftlich-technischer Revolutionen ist, daß die zunehmende Ergiebigkeit dieser Quellen nur auf dem Wege großer und systematischer Anstrengungen erreicht werden kann.

1.5. *Die Entwicklung und der Einsatz informationsverarbeitender Technik – Kernprozeß der wissenschaftlich-technischen Revolution*

Die Frage, inwiefern die wissenschaftlich-technische Revolution wirklich neue Quellen für den Effektivitätsfortschritt erzielt, worin sie bestehen, kann nur auf dem Wege einer gründlichen Analyse der Prozesse der Auseinandersetzung zwischen Mensch und Natur beantwortet werden.

Es sind offenbar zwei Gruppen grundlegender, tiefgreifender Veränderungen in der Auseinandersetzung zwischen Mensch und Natur, die den gegenwärtigen wissenschaftlich-technischen Umwälzungen ohne jeden Zweifel den Charakter einer wissenschaftlich-technischen Revolution verleihen:

Erstens wurden in der zweiten Hälfte unseres Jahrhunderts weitere große Bereiche der Natur der direkten praktischen Einwirkung durch den Menschen zugänglich: das Atom, der Weltraum und die Zelle der Lebewesen. Die künftigen Wirkungen dieser Entwicklungen sind noch gar nicht abzusehen. War das Wirkungsfeld des Menschen bislang die ihn unmittelbar umgebende Natur, die Atmosphäre (sofern wir vor allem die Luftfahrt einschließen) sowie die äußeren Schichten der Erdrinde, war diese Einwirkung vornehmlich durch mechanische Verfahren bewirkt und höchstens bei chemischen Stoffumwandlungen – bis zur molekularen Ebene möglich; waren seine Bemühungen um zweckgerichtete Veränderungen der Lebewesen auf Auswahl, Züchtung und die Nutzung zufälliger Mutationen begrenzt – so überwand er in den vergangenen Jahrzehnten die Erdenschwere, begann mit der praktischen Nutzung des kosmischen Raumes. Mit Hilfe der Wissenschaft bahnte er sich den Weg zur Entschlüsselung der Welt des bisher „Unteilbaren", des Atoms, und machte sich damit vor allem völlig neue Energiequellen zugänglich. Schließlich entschlüsselte er den Code der Erbinformationen in den Zellen der Lebewesen und schuf damit grundsätzlich die Möglichkeit, Lebewesen direkt zu verändern, wenn man so will, zu „konstruieren".

Zweitens wurden in den letzten Jahrzehnten neue Gruppen menschlicher Arbeitsfunktionen in zunehmendem Maße technisierbar, den Maschinen übertragen, und zwar Funktionen, die nicht in erster Linie – wie in der industriellen Revolution – die physische Komponente menschlicher Arbeitstätigkeit betreffen, sondern deren geistig-intellektuelle Komponente. Diese Entwicklung ist vor allem mit der informationsverarbeitenden Technik im umfassenden Sinne – Sammlung, Speicherung, Übertragung und unmittelbare Verarbeitung von Informationen – verbunden.

Alle grundlegenden Prozesse, Hauptrichtungen der wissenschaftlich-technischen Revolution – im allgemeinen werden hier angeführt:

Automatisierung; neue Energiequellen (vor allem Atomenergie); neue Werkstoffe, die in ihren wesentlichen Parametern nicht direkt in der Natur vorkommen; neue, vor allem nichtmechanische technologische Verfahren, Biotechnologien; wirtschaftliche Nutzung des Weltraumes – sind in der einen oder anderen Weise, mehr oder weniger direkt, durch diese qualitativen Umwälzungen in der Auseinandersetzung zwischen dem Menschen und der Natur bestimmt bzw. beeinflußt. Unbestritten ist, daß die wissenschaftlich-technische Revolution der Gegenwart eine tiefgreifende qualitative Umwälzung *aller* gegenständlichen Elemente der Produktivkräfte bewirkt. Gerade dies führt auch zur Frage hin, ob einer bestimmten Richtung der wissenschaftlich-technischen Revolution die führende Rolle zukomme und, falls dies bejaht wird, welches diese Hauptrichtung, der „Kernprozeß" der wissenschaftlich-technischen Revolution sei. Offensichtlich hat diese Frage einen historischen und einen logischen Aspekt.

Aus historischer Sicht – darauf wurde bereits hingewiesen – vollzieht sich der Fortschritt von Wissenschaft und Technik recht ungleichmäßig, auch unter den Bedingungen der wissenschaftlich-technischen Revolution. Es kann keinen Zweifel daran geben, daß gegenwärtig und in der absehbaren Zukunft die stärksten Impulse des ökonomischen Fortschritts von der informationsverarbeitenden Technik ausgehen. Aber es ist auch denkbar, daß in bestimmten Perioden andere Entwicklungsrichtungen aus ökonomischer Sicht die bestimmenden sein könnten. Stellen wir uns beispielsweise vor, daß das Energieproblem in dem Sinne endgültig gelöst werden würde, daß die Energieerzeugung auf unerschöpfbaren, in beliebiger Menge zur Verfügung stehenden Ressourcen beruhte und diese Gebrauchsenergie außerordentlich billig wäre. Die Perspektiven der Elektroenergieerzeugung auf dem Wege der Kernfusion – die allerdings mit außerordentlich großen Vorleistungen an Forschungs- und Investitionsaufwand verbunden ist – rücken eine solche Annahme in den Bereich des Möglichen. In diesem Falle würde der Zugang zu einer Vielzahl neuer, hochwirksamer, energieintensiver Verfahren möglich. Vor allem würde dies auch eine grundlegend neue Situation auf dem Gebiet der Rohstoff- und Materialökonomie bedeuten, denn an Ausgangsstoffen – im Sinne des Vorhandenseins chemischer Elemente und molekularer Verbindungen – ist in der Erdrinde von allem genügend vorhanden, ihre ökonomische Nutzbarkeit wird in entscheidendem Maße von den ökonomisch noch wirtschaftlich nutzbaren Energiemengen beeinflußt.

Es ist auch durchaus vorstellbar, daß in den kommenden Jahrhunderten in bestimmten Perioden von der Biotechnologie oder auch von der praktischen Nutzung der Kosmostechnologien die größten Impulse für den ökonomischen Fortschritt ausgehen werden. Wird es aber eine bestimmte Grundrichtung des wissenschaftlich-technischen Fortschritts geben, die – wenn auch nicht immer unmittelbar – für den ökonomischen Fortschritt deshalb entscheidend ist, weil sie auf alle Umwälzungen im Prozeß der wissenschaftlich-technischen Revolution die größte Ausstrahlung hat? Diese Frage kann – wenn gegenwärtig überhaupt – nur durch die logische Analyse der Entwicklung der Produktivkräfte beantwortet werden.

Am meisten verbreitet ist wohl die Ansicht, daß die Automatisierung den wichtigsten Ausgangspunkt, den Kernprozeß der wissenschaftlich-technischen Revolution bildet. Dies bedeutet, daß die qualitativen Veränderungen der Arbeitsmittel das bestimmende Moment technischer Revolutionen, und eben auch der wissenschaftlich-technischen Revolution der Gegenwart bilden. Diejenigen, die die Umwälzungen, die Automatisierung als den grundlegenden Prozeß der wissenschaftlich-technischen Revolution betrachten, verweisen immer auf die Marxsche Analyse der industriellen Revolution, darauf, daß „die industrielle Revolution nicht von der *bewegenden* Kraft ausgeht, sondern von dem Teil der Maschinerie, den der Engländer die *working machine* nennt"[16]. Diese Marxschen Ausführungen werden jedoch häufig sehr wörtlich genommen, direkt und unvermittelt auf die Prozesse der wissenschaftlich-technischen Revolution angewandt; es wird etwa gefolgert, wenn nach Marx in der industriellen Revolution die Veränderung der Arbeitsmaschine das Bestimmende gewesen sei, so müsse dies für die wissenschaftlich-technische Revolution der Gegenwart ohne jeden Zweifel auch zutreffen. Auf diese Weise kann jedoch das Argument derjenigen, die die revolutionären Veränderungen anderer Elemente der gegenständlichen Produktivkräfte für das Wesentlichste der wissenschaftlich-technischen Revolution halten, nicht überzeugend entkräftet werden, daß nämlich im Unterschied zur industriellen Revolution die gegenwärtige wissenschaftlich-technische Revolution eine revolutionäre Veränderung nicht nur der Arbeitsmittel, sondern aller gegenständlichen Elemente der Produktivkräfte bewirke. Um die Frage nach dem wesentlichen Moment der wissenschaftlich-technischen Revolution zu beantworten, müssen übergreifende theoretisch-methodologische Aussagen des Marxismus-Leninismus zu Rate gezogen werden, deren *Anwendung* Marx eben zu solchen Charakterisierungen der industriellen Revolution geführt haben. Wir müssen hier – ebenso wie Marx dies getan hat – von den fundamentalen Thesen der materialistischen Geschichtsauffassung ausgehen, von der Rolle der Arbeit im gesellschaftlichen Lebensprozeß, von den dialektischen Wechselwirkungen zwischen lebendiger und vergegenständlichter Arbeit in der Entwicklung der Produktivkräfte und – hierin eingebettet – von der besonderen Rolle der Arbeitsinstrumente im Prozeß der Auseinandersetzung zwischen Mensch und Natur. Alle diese Ausgangsthesen führen m. E. zu der Schlußfolgerung,

[16] Marx an Engels, 28. Januar 1863, in: MEW, Bd. 30, Berlin 1964, S. 320.

daß die von Marx begründete These, wonach die Arbeitsinstrumente das revolutionärste Element der Entwicklung der Produktivkräfte sind, universelle Geltung besitzt. Diese These kann folglich durch keinerlei Erfindungen und Entdeckungen in Technik und Naturwissenschaft, durch keinerlei revolutionäre Umwälzungen in einem beliebigen Bereich der materiell-technischen Basis in den Produktivkräften seine Gültigkeit verlieren. Und zwar deswegen nicht, weil es unter einem bestimmten Gesichtspunkt keinen qualitativen Unterschied zwischen der Steinaxt des Urmenschen und einem automatisierten Maschinensystem der Gegenwart gibt. Dies gilt vor allem in bezug darauf, daß beide *Mittel* menschlicher Arbeit sind, „ein Ding oder ein Komplex von Dingen, die der Arbeiter zwischen sich und den Arbeitsgegenstand schiebt und die ihm als Leiter seiner Tätigkeit auf diesen Gegenstand dienen. Er benutzt die mechanischen, physikalischen, chemischen Eigenschaften der Dinge, um sie als Machtmittel auf andre Dinge, seinem Zweck gemäß, wirken zu lassen."[17] „Der Gebrauch und die Schöpfung von Arbeitsmitteln ... charakterisieren den spezifisch menschlichen Arbeitsprozeß ... Dieselbe Wichtigkeit, welche der Bau von Knochenreliquien für die Erkenntnis der Organisation untergegangener Tiergeschlechter, haben Reliquien von Arbeitsmitteln für die Beurteilung untergegangner ökonomischer Gesellschaftsformationen. Nicht was gemacht wird, sondern wie, mit welchen Arbeitsmitteln gemacht wird, unterscheidet die ökonomischen Epochen. Die Arbeitsmittel sind nicht nur Gradmesser der Entwicklung der menschlichen Arbeitskraft, sondern auch Anzeiger der gesellschaftlichen Verhältnisse, worin gearbeitet wird."[18] Marx hielt an diesem Gedanken der bestimmenden Rolle der Arbeitsmittel im Prozeß der industriellen Revolution konsequent fest. Auch wenn durch eine Kombination von neuen Energiequellen und alten Arbeitsmitteln eine beträchtliche Steigerung der Arbeitsproduktivität erreicht werden konnte, wie zum Beispiel beim Dampfpflug, war er der Meinung, daß eben dieser Pflug „durchaus kein neues Prinzip an sich (hatte) und ... in keiner Weise geeignet (war), eine industrielle Revolution herbeizuführen".[19]

Ein besonderes Augenmerk verdient das Argument, wonach in der gegenwärtigen wissenschaftlich-technischen Revolution der bestimmende Faktor revolutionärer Veränderungen der gegenständlichen Produktivkräfte nicht die Arbeitsmittel, sondern die technologischen Verfahren seien. Die Schwierigkeit in der Aufhellung der dialektischen Wechselwirkungen zwischen der Entwicklung der Arbeitsmittel

[17] Marl Marx, Das Kapital. Erster Band, in: MEW, Bd. 23, a.a.O., S. 194.
[18] Ebenda, S. 194/195.
[19] Karl Marx, Zur Kritik der politischen Ökonomie (Manuskript 1861–1863, Heft IXX, S. 1161, unveröffentlicht).

und der technologischen Verfahren besteht darin, daß einerseits die technologischen Verfahren keine selbständige, besondere gegenständliche Existenz *neben* den Arbeitsmitteln und den Arbeitsgegenständen besitzen. Dies ist auch der Grund dafür, weshalb manche Autoren die technologischen Verfahren überhaupt nicht zu den gegenständlichen Elementen der Produktivkräfte zählen wollen, sondern zu den Elementen der Wissenschaft, und nur insofern ihre Rolle als Produktivkraft anerkennen. Die technologischen Verfahren sind immer an bestimmte Arbeitsmittel gebunden. Andererseits schließen die Arbeitsmittel immer einen bestimmten, in der Regel recht engen Kreis realisierbarer technologischer Verfahren ein; eine Drehmaschine ist für die Verwirklichung spanloser Formgebungen eben nicht geeignet. Die Frage, ob die Veränderung des Arbeitsmittels oder des Verfahrens den Anstoß für Veränderung des jeweils anderen Elements gibt, ist deshalb berechtigt, weil es zwar sehr moderne, den letzten Stand der Wissenschaft verkörpernde Arbeitsmittel gibt, diese aber seit langem bekannte technologische Verfahren realisieren; und ebenso auch umgekehrt.

Die Behauptung, daß in der industriellen Revolution die qualitativen Umwälzungen der gegenständlichen Produktivkräfte von den Arbeitsmitteln ausgingen, in der gegenwärtigen wissenschaftlich-technischen Revolution dagegen von technologischen Verfahren, ist wohl zu stark vereinfacht, durch reale Entwicklungstendenzen nicht überzeugend belegbar. Eindeutig unzutreffend ist die These, wonach sowohl in der industriellen Revolution wie auch in der gegenwärtigen wissenschaftlich-technischen Revolution das eigentlich Bestimmende die Veränderung der technologischen Verfahren gewesen sei. (Für die industrielle Revolution gilt dies ganz sicher nicht.) Charakteristisch für die gegenwärtige wissenschaftlich-technische Revolution ist offensichtlich – im Unterschied zur industriellen Revolution –, daß die Höherentwicklung der Arbeitsmittel wesentlich intensiver, zwingender mit der Veränderung der technologischen Verfahren verbunden ist. In dieser dialektischen Wechselwirkung spielen die Impulse, die von den notwendigen Veränderungen der technologischen Verfahren ausgehen, eine wesentlich größere und zunehmende Rolle. Es wird zu Recht darauf verwiesen, daß die Möglichkeiten der evolutionären Vervollkommnung traditioneller Verfahren immer deutlicher bestimmte Schranken erkennen lassen. So sind in den letzten Jahren zum Beispiel durch das Einführen des Schnelldrehens und des Hochgeschwindigkeitsschleifens bestimmte Geschwindigkeitsgrenzen der spanenden Metallbearbeitung sichtbar geworden; ähnliches gilt für Webvorgänge und anderes. All dies erfordert qualitativ neue Arbeitsmittel, die in zunehmendem Maße mit automatischen Steuerungen und Regelungen ausgerüstet sein müssen.

Die Tatsache, daß die Impulse für die Höherentwicklung der Arbeitsmittel in hohem Maße heute von der Veränderung der technologischen Verfahren ausgehen, darf jedoch auch nicht überbewertet werden. Zumindest ebenso richtig ist, daß erst der Übergang zu sich selbst steuernden und regelnden Anlagen, die Möglichkeit der Realisierung wesentlich höherer Geschwindigkeiten der Steuerungs- und Regelungsvorgänge, den Zugang zu ganzen Scharen qualitativ neuer technologischer Verfahren eröffnet. Das heißt, die automatisierte Informationsverarbeitung und die entsprechenden Arbeitsmittel verleihen der Entwicklung und Anwendung neuer technologischer Verfahren kräftige Impulse. Diese Verfahren wären unter den Bedingungen einer vom Menschen unmittelbar vorgenommenen Steuerung und Regelung gar nicht realisierbar. Auch aus diesen Gründen ist die Gegenüberstellung der Entwicklung der Arbeitsmittel und der technologischen Verfahren, die Behauptung, daß das wesentlichste Moment der wissenschaftlich-technischen Revolution die revolutionäre Veränderung der Verfahren und *nicht* der Arbeitsmittel sei, nicht zu akzeptieren.

Bedeutet die These, daß die Veränderung der technologischen Verfahren das entscheidende Kriterium der wissenschaftlich-technischen Revolution darstellt einerseits eine besonders starke Heraushebung der wissenschaftlich-technischen Revolution im geschichtlichen Entwicklungsprozeß der Produktivkräfte, so läßt sie andererseits das wirkliche Ausmaß der mit der wissenschaftlich-technischen Revolution verbundenen Aufgaben nicht erkennen. In der Tat würde uns die wissenschaftlich-technische Revolution, wollten wir sie auf die Ablösung mechanischer durch nichtmechanische Verfahren reduzieren, in der absehbaren Zukunft nur in geringem Maße beschäftigen. Gewiß werden chemische, chemisch-erosive, elektro-erosive Verfahren, Anwendung des Laserstrahls, biochemische Verfahren u. a. in Zukunft eine wachsende Rolle spielen. Aber die klassischen Verfahren der Werkstoffbearbeitung werden bis weit über dieses Jahrhundert hinaus die dominierenden Verfahren bleiben; ebenso wie das Metall (vor allem Stahl) der wichtigste Werkstoff bleiben wird. Die Fortschritte auf dem Gebiet der Technologie werden wesentlich durch die Vervollkommnung der vorhandenen Verfahren und durch Verfahrenssubstitution erzielt werden; spanabhebende Verfahren werden zum Beispiel durch die – seit langem bekannten – materialsparenden Verfahren der Ur- und Umformung abgelöst. Insgesamt wird der wissenschaftlich-technische Fortschritt in der übersehbaren Zukunft in weit überwiegendem Maße durch die Vervollkommnung der Arbeitsmittel, durch die Anwendung automatisierter Maschinensteuerungen, bewirkt werden. Auf diesem Gebiet vollzieht sich der wissenschaftlich-technische Fortschritt in sehr schnellem Tempo; und ein Nachlassen dieses Tempos ist nicht abzusehen. Dies sind revolutionäre Veränderungen der Technik von großer Tragweite.

Die Prozesse der Automatisierung, ihr wesentlicher Inhalt und ihre ökonomischen und sozialen Wirkungen wurden in unserer gesellschaftswissenschaftlichen Literatur mehrfach und sehr ausführlich dargelegt. Zu den ersten marxistisch-leninistischen Theoretikern, die die Prozesse der Automatisierung in einen großen historischen Zusammenhang zu bringen suchten, gehörte Georg Klaus.[20] Seine Begründung des Inhalts und des historischen Platzes der Automatisierung gehört nach wie vor zu dem Überzeugendsten, das es auf diesem Gebiet gibt.

Georg Klaus ging davon aus, daß im technologischen Prozeß vier Funktionen zu vollziehen sind: erstens das Aufbringen der „Operationsenergie", das ist diejenige Energie, die auf den Arbeitsgegenstand wirkt und seine Veränderung bewirkt; zweitens das Aufbringen der „Kontrollenergie", das ist die Energie, die für die Steuerung und Regelung des technologischen Prozesses erforderlich ist; drittens die Zielsetzungen, das heißt die Bestimmung der Arbeitsaufgabe; viertens die „Wegfestlegung", das heißt die Bestimmung und Realisierung der Technologien und der Organisation des Arbeitsprozesses. Die Funktionsteilung zwischen Mensch und Arbeitsmittel könne sich nun nach folgendem Schema vollziehen:

Es liefert

Gerät	Operations-energie	Kontroll-energie	Ziel	Weg-festlegung
Werkzeug	Mensch	Mensch	Mensch	Mensch
Maschine 1	Maschine	Mensch	Mensch	Mensch
Maschine 2	Maschine	Maschine	Mensch	Mensch
Maschine 3	Maschine	Maschine	Mensch	Maschine

„Wenn menschliche Arbeit durch eine Maschine ersetzt wird, so spricht man, solange diese Ersetzung auf der Stufe der Maschine 1 vor sich geht, von der Mechanisierung der Arbeit; geht sie jedoch auf den Stufen 2 und 3 vor sich, so spricht man von Automatisierung der Arbeit. Die Umstellung eines Betriebes von Maschinen tieferer Stufen auf die Stufen 2 und 3 nennt man Automatisierung."[21] Die automatisierte Produktion beruht also auf zwei verschiedenen Kombinationen zwischen menschlicher Arbeit und „Maschinenarbeit". Es gibt zwei Grundformen der Automatisierung: Entweder wird dem Maschinensystem vom Menschen ein Programm vorgegeben, das Schritt für Schritt „abgearbeitet" wird (programmgesteuerte Maschinerie), oder die Maschine bestimmt – innerhalb eines variablen Programms – den

[20] Georg Klaus, Kybernetik in philosophischer Sicht, Berlin 1961.
[21] Ebenda, S. 385.

konkreten optimalen Weg der Realisierung der Arbeitsaufgabe selbst (kybernetische Maschinerie). Beruht die programmgesteuerte Maschinerie (Maschine 2) – vom Ablauf des Prozesses her gesehen – noch ganz auf dem „mechanischen" Prinzip der klassischen Maschinerie, der Ursache-Wirkung-Relation, für die jede äußere Störung einfach negativ ist, so beruht die kybernetische Maschinerie (Maschine 3) auf dem Prinzip der „Rückkopplung", der Wechselwirkung; sie verarbeitet äußere Störungen innerhalb eines bestimmten Bereiches. Selbstverständlich handelt es sich bei diesen verschiedenen Typen der Arbeitsmittel im einzelnen nicht um eine einfache aufsteigende Linie des technischen Fortschritts. Der nach dem Prinzip der Rückkopplung arbeitende automatische Fliehkraftregler der Dampfmaschine von James Watt muß zum vierten Typ der Arbeitsmittel gerechnet werden, obgleich er einer viel niedrigeren Entwicklungsstufe der Technik angehört als das energiegetriebene Werkzeug (elektrischer Schraubenschlüssel oder Handbohrer). Es ist auch nicht richtig, die programmgesteuerte Maschinerie einfach als starres Maschinensystem aufzufassen und lediglich die kybernetische Maschinerie für elastische Maschinensysteme zu halten. Die inzwischen weitverbreitete numerisch gesteuerte Maschine ist im Prinzip eine Maschine des zweiten Typs. Sie ist gerade für kleine und mittlere Serien hervorragend geeignet, sehr variabel, obwohl im wesentlichen nicht nach dem Prinzip der Rückkopplung arbeitend. Dies bedeutet, daß es zwischen der Maschine 2 und Maschine 3 wesentliche Unterschiede gibt, deren ökonomische Bedeutung erst in der Zukunft in vollem Maße sichtbar werden wird. Dennoch gehören beide insofern einem Typ der Arbeitsmittel an, als es sich hier um sich selbst regelnde und steuernde Anlagen handelt.

Es spricht sehr vieles dafür, historisch wie logisch, drei grundlegende Typen von Arbeitsmitteln zu unterscheiden, und zwar erstens das von Hand geführte Werkzeug, zweitens die „klassische Maschinerie", wie sie von der industriellen Revolution hervorgebracht wurde, und drittens die automatisierte Maschinerie, wie sie im Prozeß der wissenschaftlich-technischen Revolution sich herausbildet und in hohem Tempo Verbreitung findet. Gehen wir davon aus, daß die Veränderungen im Typ der Arbeitsmittel die tiefgreifendsten Veränderungen in der Entwicklung der Produktivkräfte darstellen, dann ergeben sich hieraus auch wichtige Schlußfolgerungen für die Bestimmung des historischen Platzes der gegenwärtigen wissenschaftlich-technischen Revolution.

Die Entwicklung der Technik vollzieht sich in einem unendlichen Prozeß vom Niederen zum Höheren, logisch wie historisch in dialektischer Wechselwirkung von evolutionären und revolutionären Veränderungen. Auch für die Entwicklung der Technik gilt das Marxsche Wort, daß die Revolutionen die Lokomotiven der Geschichte sind.

Die Frage ist, welche qualitativen, tiefgreifenden Veränderungen der Technik als technische Revolutionen zu bezeichnen sind. Abgesehen von dem allgemeinen, gewiß zu beherzigenden Vorsatz, mit dem Begriff der Revolution möglichst sparsam umzugehen, geht es vor allem um die Frage, mit welchen anderen „Punkten" in der Geschichte der Produktivkräfte die gegenwärtige wissenschaftlich-technische Revolution vergleichbar, in historischer Analogie gewissermaßen auf eine Stufe zu stellen sei.

Der Begriff „technische Revolution" sollte zweckmäßigerweise für den Übergang von einem zum folgenden Arbeitsmitteltyp verwandt werden. Selbst wenn dieser Begriff auch für andere tiefgreifende technische Umwälzungen verwandt wird, über eines kann es kaum einen Zweifel geben: Die wissenschaftlich-technische Revolution der Gegenwart ist in der Entwicklungsgeschichte der Produktivkräfte nur mit zwei weiteren „Punkten" überhaupt vergleichbar: mit der beginnenden Fertigung von Werkzeugen durch den werdenden Menschen und zweitens mit der industriellen Revolution Ende des 18./Anfang des 19. Jahrhunderts. Unabhängig zunächst von ihren unmittelbaren Wirkungen auf die gesellschaftliche Arbeitsproduktivität sollten zwei Arten des technischen Fortschritts bzw. revolutionärer Veränderungen der Arbeitsmittel unterschieden werden: Solche, die mit grundlegenden Veränderungen in der Funktionsteilung zwischen Mensch und Arbeitsmittel verbunden sind, und solche, die qualitative Veränderungen der Arbeitsmittel auf der Grundlage einer unveränderten Funktionsteilung zwischen Mensch und Arbeitsmittel bewirken. Die erste Art technischer Veränderung bewirkt ohne Zweifel die tiefgreifendsten Wandlungen in der Technik, in der technologischen Produktionsweise, in der Stellung des Menschen im unmittelbaren Produktionsprozeß und damit auch in den Quellen der Steigerung der Produktivkraft menschlicher Arbeit. Ohne Zweifel sind wesentliche Veränderungen in den Beziehungen zwischen den Menschen als der wichtigsten Produktivkraft, der menschlichen Arbeit als dem belebenden Feuer der Produktion, dem allein zwecksetzenden und bewegenden Element in der Auseinandersetzung zwischen Mensch und Natur einerseits und dem revolutionärsten Element der gegenständlichen Produktivkräfte, den Arbeitsmitteln, andererseits die tiefste Quelle der Höherentwicklung der Produktion und damit des gesellschaftlichen Lebensprozesses.

Inzwischen verfügen wir über sehr reiche und bedeutsame Erfahrungen in der Automatisierung; beträgt doch der Anteil der automatisierten an den gesamten Ausrüstungen unserer Industrie wertmäßig heute etwa fünfzig Prozent, der Anteil der an automatisierten Ausrüstungen Beschäftigten etwa fünfzehn Prozent. Wie unsere praktischen Erfahrungen besagen, sind die Prozesse, die wir allgemein als Automatisierung bezeichnen, außerordentlich mannigfaltig, gerade unter dem Gesichtspunkt der Funktionsteilung zwischen Mensch und Maschine. Dies hängt wesentlich mit tiefgreifenden qualitativen Veränderungen zusammen, die sich in den technischen Grundlagen, in den Hauptrichtungen der Automatisierung in den letzten beiden Jahrzehnten vollzogen. Zu ihnen gehören vor allem die folgenden:

1. Die erste große Welle der Automatisierung der Produktion, die in den fünfziger Jahren einsetzte, erfaßte hauptsächlich die Massenproduktion, fließende Fertigungsprozesse. Elektroenergieerzeugung, chemische Produktion, kontinuierliche Fertigungsprozesse in der Metallverarbeitung sowie in der Leicht- und Lebensmittelindustrie waren dominierend, wobei die metallverarbeitende Industrie wegen der vorherrschenden Klein- und Mittelserienproduktion deutlich im Rückstand blieb. Die nichtproduzierenden Bereiche blieben von der Automatisierung weitgehend unberührt.

2. Seit den sechziger Jahren wurde durch die Entwicklung der numerischen Steuerung (NC-Technik) auch die Produktion kleinerer und mittlerer Serien, zunehmend auch die Einzelteilfertigung, vor allem in der metallverarbeitenden Industrie, der Automatisierung erschlossen. Die Automatisierung wurde elastischer; diese Etappe war eng mit dem zunehmenden Einsatz der elektronischen Datenverarbeitung verbunden. Sie erstreckte sich mehr und mehr auch auf die Prozesse der Informationsverarbeitung in den dienstleistenden und nichtproduzierenden Bereichen.

3. Mit der Entwicklung und den außerordentlichen Fortschritten der Mikroelektronik – vor allem seit der zweiten Hälfte der siebziger Jahre – erhielt die gesamte informationsverarbeitende Industrie kräftige Impulse. Namentlich die sprunghafte Miniaturisierung elektronischer Bauelemente und die Verbilligung ihrer Produktion bewirken eine Ausdehnung des Einsatzfeldes der Technik, die von grundsätzlicher Bedeutung ist: vor allem die nichtproduzierenden und die produktionsvorbereitenden Bereiche werden dem wissenschaftlich-technischen Fortschritt zunehmend erschlossen. In der Produktion gewinnt die Automatisierung an Elastizität, vor allem durch den zunehmend dezentralen Einsatz der Rechentechnik und die Vervollkommnung der elektronischen Steuerungen der Maschinen.

4. In den achtziger und neunziger Jahren wird der wissenschaftlich-technische Fortschritt neben der Erweiterung des Einsatzfeldes informationsverarbeitender Technik zunehmend durch komplexe Lösungen der Automatisierung bestimmt werden. Die mit der Entwicklung der numerischen Steuerungen gegebenen Möglichkeiten flexibler Automatisierung führten von der Einzelmaschine sehr schnell zu Bearbeitungszentren, in denen eine Vielzahl technologischer Arbeitsoperationen bei der gleichen Aufspannung des Werkstücks realisiert werden. In zunehmendem Maße vollzieht sich der Übergang zu integrier-

ten Fertigungsabschnitten bis zur automatisierten Fertigungszelle, die in den neunziger Jahren sicher ihre Fortsetzung in größeren automatisierten Fertigungsabschnitten bis zur automatisierten Fabrik finden wird. Eine Grundtendenz dieser Entwicklung ist die zunehmend bedienungsarme Fertigung, die es schon bei der Fertigungszelle erlaubt, alle notwendigen Arbeitsoperationen in einer Schicht zu verrichten, das Maschinensystem selbst aber in drei Schichten produziert.

Die neue Qualität der Automatisierung wurde möglich durch das Zusammenwirken einer Vielzahl von Faktoren, namentlich der Entwicklung der Mikroelektronik, dem zunehmenden Einsatz der Robotertechnik, der Vervollkommnung der Steuerungstechnik, den bedeutenden Fortschritten in der Entwicklung der Programmunterlagen (soft-ware), sowohl was die Beschaffenheit der Programme wie die Prozesse ihrer Erarbeitung betrifft. Damit im Zusammenhang gewinnt die Vereinheitlichung von Bauteilen und Baugruppen, aber auch der Elemente der soft-ware eine qualitativ neue Bedeutung; sie sind eine notwendige Voraussetzung zunehmender Flexibilität der Automatisierung sowohl hinsichtlich der Anpassung der Maschinensysteme an die jeweiligen Anwendungsbedingungen – „maßgeschneiderte" Maschinenlösungen – wie ihrer technologischen Flexibilität selbst.

Für alle diese technischen Entwicklungen – Mikroelektronik, Robotertechnik u. a. – ist eine große Breite und Vielfalt ihrer Einsatzmöglichkeiten charakteristisch. So wird von den Robotern der ersten Generation, die lediglich ein vorgegebenes Programm abzufahren in der Lage sind, gesagt, daß sie etwa zwei Prozent der Arbeitsplätze in der Industrie ausfüllen können. Roboter der zweiten und dritten Generation, die über sensorische Einrichtungen (künstliche „Sinnesorgane") und über eine künstliche „Intelligenz" verfügen und sich in einem bestimmten Umfeld sozusagen „autonom" verhalten, sollen etwa dreißig Prozent der Industriearbeitsplätze einnehmen können. Die bedeutendsten Wirkungen dieser technischen Entwicklungen werden jedoch ohne Zweifel durch ihre Verbindung, ihr Zusammenwirken in komplexen Automatisierungslösungen erreicht; gerade hierdurch wird eine neue Qualität der Automatisierung bewirkt, zu deren hervorstechendsten Merkmalen ein zunehmender Grad der Integration verschiedener technologischer Verfahren, der Haupt- und Hilfsprozesse gehört. So werden in integrierten Fertigungsabschnitten und Fertigungszellen die Haupteffekte nicht so sehr durch Einsparung von Maschinengrundzeiten – deren Anteil an der gesamten Verweildauer der zu bearbeitenden Werkstücke im Produktionsprozeß im Maschinenbau ohnehin nur etwa sechs Prozent beträgt – sondern durch Einsparungen von Hilfszeiten (Auf- und Abspannen des Werkzeugs, Messen, Werkzeugwechsel usf.) und durch Integration von Hilfsprozessen (vor allem des Transports der Werkstücke, aber auch von Lager- und Umschlagprozessen) in den Hauptprozeß, erreicht.

Zu den folgenreichsten Ergebnissen der technischen Entwicklung der vergangenen drei Jahrzehnte – vor allem auf dem Gebiet der Automatisierung – gehört die beständige Ausweitung des möglichen Einsatzfeldes der Technik. Wurde seit der industriellen Revolution Maschinerie vornehmlich für unmittelbare Bearbeitungsprozesse eingesetzt und folglich vor allem die physische Komponente der menschlichen Arbeitstätigkeit berührt, so bestand das qualitativ neue Moment der Automatisierung von Anfang an darin, daß sie dem Menschen Funktionen der Informationsverarbeitung abnahm und damit die zweite grundlegende Komponente menschlicher Arbeit – die geistig-intellektuelle Komponente – berührt. Mit der Technisierung der informationsverarbeitenden Vorgänge wurde das Einsatzgebiet der Technik grundsätzlich erweitert, gibt es doch wohl kaum eine Arbeit, die nicht mit der Sammlung, Speicherung, Verarbeitung und Übertragung von Informationen verbunden wäre. Die qualitativen Fortschritte der Automatisierung, der informationsverarbeitenden Technik, der Elektronik haben binnen weniger Jahrzehnte zu einer qualitativ neuen Situation geführt: Alle wesentlichen Gruppen menschlicher Arbeitsfunktionen, die überhaupt – potentiell – technisierbar sind, sind heute, von den Möglichkeiten her, wirklich technisierbar. Dies ist in der Tat ein Umstand, der selbst in großen historischen Dimensionen einen bedeutenden Einschnitt in der Entwicklung der Produktivkräfte markiert und aus dem sich außerordentlich wichtige praktische Folgerungen ergeben.

Die Automatisierung könnte in der Tat als „Kernprozeß" der wissenschaftlich-technischen Revolution angesehen werden, führt sie doch zu einer grundlegenden qualitativen Veränderung in den Beziehungen zwischen den wesentlichsten Elementen der Produktivkräfte – zwischen dem Menschen als der Hauptproduktivkraft einerseits und den Arbeitsmitteln als dem revolutionärsten, bestimmenden Element im System der Produktivkräfte.

Es darf aber nicht übersehen werden, daß die Automatisierung der Produktion – und sie ist im allgemeinen gemeint, wenn von Automatisierung gesprochen wird – in den Prozeß der Entwicklung und des zunehmenden Einsatzes der informationsverarbeitenden Technik eingeordnet ist, deren Einsatzfeld in zunehmendem Maße über die produzierenden Bereiche hinausreicht. Unter diesem Gesichtspunkt ist es vielleicht angebrachter, die informationsverarbeitende Technik als den Kernprozeß der wissenschaftlich-technischen Revolution zu bezeichnen.

2. Drei Entwicklungsstufen der Produktivkräfte – zwei wissenschaftlich-technische Revolutionen

Es gibt eine Vielzahl von Gründen dafür, analog den drei Grundtypen der Arbeitsmittel – das von Hand geführte Werkzeug, „klassische Maschinerie", sich selbst steuernde und regelnde Maschinerie – drei grundlegende Arten der Beziehungen zwischen der lebendigen Arbeit und den Arbeitsmitteln, drei große historische Epochen in der Entwicklung der Produktivkräfte zu unterscheiden. Der Übergang von einem Arbeitsmitteltyp zum anderen bewirkt die tiefgreifendsten revolutionären Veränderungen in der Technik – technische Revolutionen. Verwenden wir den Begriff der „technischen Revolution" nur für diese Umwälzungen in den gegenständlichen Elementen der Produktivkräfte, so kann es historisch wie logisch nur zwei technische Revolutionen geben, die untereinander vergleichbar sind: die industrielle Revolution (Übergang vom handgeführten Werkzeug zur klassischen Maschinerie) und die wissenschaftlich-technische Revolution (Übergang von der klassischen zur automatisierten Maschinerie). Die beginnende Fertigung von Arbeitsmitteln durch den sich aus dem Tierreich herausentwickelnden, werdenden Menschen ist der einzige weitere Bezugspunkt, der mit diesen technischen Revolutionen in eine Reihe gestellt werden kann; aber selbstverständlich kann diese Geburt des Menschengeschlechts nicht als technische Revolution bezeichnet werden. Bei genauerem Hinsehen wird sich zeigen, daß die Gründe für die Unterscheidung dreier Epochen in der Geschichte der Produktivkräfte eigentlich nur verschiedene Gesichtspunkte, verschiedene Seiten ein und desselben Sachverhalts darstellen.

2.1. Funktionsteilung zwischen dem Menschen und seinen Arbeitsmitteln

Seinem allgemeinen Inhalt nach ist der wissenschaftlich-technische Fortschritt ein unaufhörlicher Prozeß der Übertragung menschlicher Arbeitsfunktionen auf die technischen Mittel sowie der qualitativen Vervollkommnung der gegenständlichen Elemente der Produktivkräfte bei unveränderter Funktionsteilung zwischen Mensch und Arbeitsmitteln. Ausgangspunkt für die Charakterisierung technischen Fortschritts muß deshalb die Bestimmung der Funktionen sein, die vom Menschen im Arbeitsprozeß ausgeführt werden. Es ist leicht einzusehen, daß besonders tiefgreifende Umwälzungen in der Entwicklung der Produktivkräfte eintreten müssen, wenn einmal Funktionen der Energieaufbringung und der Energieumwandlung den Maschinensystemen übertragen werden, das heißt Funktionen, die die physische

Komponente menschlicher Arbeit ausmachen und zum andern, wenn Arbeitsfunktionen den Maschinen übertragen werden, welche die geistig-intellektuelle Komponente menschlicher Arbeit ausmachen, denn körperliche und geistige Arbeit bilden die beiden grundlegenden Komponenten jeder menschlichen Tätigkeit. Die treffendsten, überzeugendsten Systematisierungen der Arbeitsfunktionen sind deshalb diejenigen, die von der Unterscheidung von körperlicher und geistiger Arbeit ausgehen. So unterscheidet G. N. Wolkow zwei Gruppen menschlicher Arbeitsfunktionen: erstens die Gruppe der sogenannten mechanischen (ausführenden Funktionen), zu denen gehören: 1. die Funktionen der unmittelbaren Bearbeitung des Naturmaterials durch die natürlichen Organe des Menschen; 2. die Funktion der Steuerung des Arbeitsmittels; 3. die Funktion, Quelle der Bewegungsenergie zu sein; 4. die Funktionen, die Maschine zu bedienen, Maschinenfunktionen (Eingabe des Arbeitsgegenstandes in den Mechanismus, Abnahme der Fertigteile, Transport, Ein- und Ausschalten des Mechanismus usw.). Die zweite Gruppe bilden die geistigen (Steuerungs-) Funktionen: „1. die Zielstellung; 2. die technologische Kontrolle, Beobachtung, Programmierung; 3. rechnerisch-logische Funktionen; 4. Erkundungsfunktionen des technologischen Prozesses (Störungssuche, Suche der optimalen Lösung einer Aufgabe); 5. ingenieurkonstruktive Funktionen; administrative (organisatorische) Funktionen; wissenschaftliche Funktionen."[22] Die Übertragung jeder einzelnen dieser Funktionen auf die Arbeitsmittel markiert ohne Zweifel einen bedeutenden qualitativen Fortschritt in der Entwicklung der Produktivkräfte.

In der Tat bestand die revolutionierende Wirkung der „klassischen Maschinerie" und damit der industriellen Revolution für den Fortschritt der Produktivkräfte darin, daß die Funktionen des „Aufbringens" und der Umwandlung der auf den Arbeitsgegenstand wirkenden Energie vom Menschen auf die technischen Mittel übertragen wurde. Auf diese Weise vervielfachte der Mensch gewissermaßen seine physischen Kräfte, über die er im Arbeitsprozeß verfügte; die im Arbeitsprozeß wirkende Energie emanzipierte sich von den Schranken des physischen Leistungsvermögens des Menschen.

Gegen diese Bestimmung der Grundfunktion der klassischen Maschinerie – die Umwandlung der auf den Arbeitsgegenstand wirkenden *Energie* – wird mitunter eingewandt, daß dies den Marxschen Aussagen widerspräche, wonach nicht die Energiemaschine (die Dampfmaschine), sondern die Arbeitsmaschine das wesentlichste Moment der industriellen Revolution gewesen sei.

Bezogen auf die *Operationsenergie* gilt: Die *Umwandlung* der Energie ist nicht eine Funktion der Antriebsmaschine, sondern der

[22] G. N. Wolkow, Soziologie der Wissenschaft, Berlin 1970, S. 77.

Arbeitsmaschine. Die Hervorhebung dieser Grundfunktion der klassischen Maschinerie, der Arbeitsmaschine im besonderen, macht aber zugleich deutlich, daß die Arbeitsmaschinen erst dann technisch und ökonomisch ihre wirklichen Potenzen entfalten, ihre eigentliche Funktion erfüllen konnten, als die Funktion der Energieaufbringung dem Menschen abgenommen wurde, als überhaupt solche Quellen an Gebrauchsenergie (Dampfkraft, Elektrizität) erschlossen waren, die in ihrer Größe und Verfügbarkeit den Erfordernissen dieser Arbeitsmaschinerie entsprechen.

Deshalb hat Marx nachdrücklich betont, daß die einzelne Maschine „zwergmäßig blieb, solange sie nur durch Menschen bewegt wird, wie das Maschinensystem sich nicht frei entwickeln konnte, bevor an die Stelle der vorgefundnen Triebkräfte – Tier, Wind und selbst Wasser – die Dampfmaschine trat".[23]

Unmittelbar bedeutet die Herausbildung der Arbeitsmaschinerie, daß die Arbeitsoperationen der Hand nunmehr durch einen werkzeugführenden Mechanismus ausgeführt werden. Dies bewirkt eine Objektivierung des Arbeitsresultats insofern, als das unmittelbare Produktionsergebnis nun weniger abhängt „von der Muskelentwicklung, der Schärfe des Blicks und der Virtuosität der Hand, womit der Teilarbeiter in der Manufaktur und der Handwerker außerhalb derselben ihr Zwerginstrument führten".[24]

„Mit dem Arbeitswerkzeug geht auch die Virtuosität in seiner Führung vom Arbeiter auf die Maschine über. Die Leistungsfähigkeit des Werkzeugs ist emanzipiert von den persönlichen Schranken menschlicher Arbeitskraft."[25]

Die technisch-ökonomischen Wirkungen dieser Entwicklung bestehen vor allem in folgendem:

Erstens wird eine Gleichförmigkeit der Arbeitsprodukte erreicht, wie sie durch manuelle Tätigkeit niemals möglich ist, und die gleichzeitig auch eine der wichtigsten Voraussetzungen industrieller Produktion ist. Kein noch so geschickter Arbeiter könnte zwei Kolben so gleichmäßig rund und mit so weitgehend übereinstimmenden Abmessungen von Hand schmieden, wie sie mit Hilfe von Drehmaschinen hergestellt werden.

Zweitens ergeben sich aus dieser Trennung von Hand und Werkzeug, aus der Übertragung des Werkzeugs der menschlichen Hand auf einen künstlichen Mechanismus grundlegend neue Voraussetzungen für den Einsatz nichtmenschlicher Energie („Operationsenergie", die auf den Arbeitsgegenstand wirkt). Menschliche Energie, auch als physische Kraftwirkung, wird unter Bedingungen der mechanisierten

[23] Karl Marx, Das Kapital, in: MEW, Bd. 23, a.a.O., S. 403.
[24] Ebenda.
[25] Ebenda, S. 442.

Produktion vornehmlich als Steuerungsenergie eingesetzt. Die auf den Arbeitsgegenstand wirkende Energie ist von den physischen Schranken des menschlichen Arbeitsvermögens befreit. Dies äußert sich nicht nur darin, daß die Werkzeuge der Arbeitsmaschine wesentlich größeres Ausmaß haben, daß sie eine große Zahl an Werkzeugen haben kann, sondern daß auch völlig neuartige Werkzeuge entstehen. Fragt man nach der *Haupt*ursache der revolutionierenden Wirkung der Maschinerie auf die Gesamtentwicklung der Produktivkräfte, so liegt sie ohne Zweifel in dieser Befreiung der Produktion von den physischen Schranken menschlichen Arbeitsvermögens, darin, daß die vom Menschen im Arbeitsprozeß eingesetzten Energien das Vielfache seines physischen Leistungsvermögens betragen können.

Im Prozeß der Automatisierung vollziehen sich analoge Veränderungen, aber hinsichtlich der geistig-intellektuellen Komponente der Arbeit. Die wesentlichste allgemeine Ursache der Automatisierung besteht darin, daß die Entwicklung der Arbeitsmittelsysteme steigende Anforderungen an die Präzision und Geschwindigkeit der Steuerungs- und Regelungsvorgänge sowie an die Zahl der zu steuernden und zu regelnden Prozeßparameter stellt, welche das menschliche Arbeitsvermögen (zum Beispiel das Reaktionsvermögen, die Fähigkeit, logische Operationen in einer bestimmten Zeiteinheit durchzuführen) zu übersteigen beginnen. Die Entwicklung der Produktivkräfte würde an einen toten Punkt gelangen, wenn der Mensch diese Funktion der unmittelbaren Steuerung und Regelung der Produktionsprozesse weiterhin wahrnehmen wollte. Indem der Mensch die Funktion der unmittelbaren Steuerung und Regelung den Maschinen überträgt, den Arbeitsprozeß von den subjektiven Schranken seines Arbeitsvermögens hinsichtlich der Geschwindigkeit und Präzision der Informationsverarbeitung befreit, vervielfacht er gewissermaßen die geistigen Kräfte, über die er im Arbeitsprozeß verfügt. Bedeutet also die Mechanisierung gewissermaßen die Befreiung des Produktionsprozesses von der 20-Watt-Grenze des energetischen Arbeitsvermögens des Menschen, so bedeutet die Automatisierung die Befreiung des Produktionsprozesses u. a. von der 0,1-Sekunden-Schranke des menschlichen Reaktionsvermögens.

Aus der Tatsache, daß die menschliche Arbeit immer eine untrennbare Einheit von körperlicher und geistiger Arbeit ist, folgt zwingend, daß es drei Grundtypen von Arbeitsmitteln, drei Entwicklungsepochen der Produktivkräfte geben muß: *Erstens* das von der menschlichen Hand geführte Werkzeug, eine technologische Produktionsweise, in der das Produktionsresultat direkt und unmittelbar von den physischen und intellektuellen Fähigkeiten des Menschen bestimmt wird, von seiner physischen Kraft ebenso wie von seinem Intellekt, seinen Arbeitserfahrungen usw.; *zweitens* die „klassische Maschinerie", die die Funktion der Umwandlung der auf den Arbeitsgegenstand wirkende Energie übernimmt, die Produktion insgesamt von den physischen Schranken menschlichen Arbeitsvermögens befreit, und schließlich *drittens* die sich selbst steuernde und regelnde Maschinerie, welche zugleich die Funktion der Informationsverarbeitung realisiert und damit die Produktion von gewissen Schranken des geistig-intellektuellen menschlichen Arbeitsvermögens befreit. Hieraus folgt, daß diese Triade „Werkzeug – klassische Maschinerie – automatisierte Maschinerie" weder logisch noch historisch durch ein viertes Element erweitert werden kann; in dieser Hinsicht sind nur drei Grundtypen von Arbeitsmitteln, drei große Perioden in der Entwicklung der Produktivkräfte möglich.

2.2. Der gesellschaftlich bestimmte Produzententyp

Die drei Epochen in der Entwicklung der Produktivkräfte sind auch in der unterschiedlichen Stellung des Menschen im unmittelbaren Produktionsprozeß erkennbar. G. N. Wolkow hat diese drei Entwicklungsetappen der Produktivkräfte unter dem Gesichtspunkt der Beziehungen zwischen lebendiger und vergegenständlichter Arbeit, zwischen Mensch und Technik wie folgt charakterisiert: Für die Etappe des Handwerkzeugs sei der technologische Typ der Verbindung zwischen Mensch und Technik subjektabhängig, für die Etappe der klassischen Maschinerie (Mechanisierung) objektabhängig, unter den Bedingungen der automatisierten Produktion sei diese Beziehung zwischen Mensch und Technik am besten durch das Wort „freier Zusammenhang" definierbar.[26]

Unter den Bedingungen der handwerklichen Produktion (hier gemeint als Charakterisierung nicht eines besonderen Wirtschaftszweigs, sondern einer besonderen technologischen Produktionsweise, deren typisches Arbeitsmittel das von der Hand geführte Werkzeug ist) ist in der Tat der Mensch, das Subjekt der Produktion, *unmittelbar* ihr bestimmendes und übergreifendes Moment. Die in der Produktion wirksamen Energien werden im wesentlichen bestimmt durch die physischen Kräfte des Menschen, das Produktionsergebnis ist unmittelbar abhängig von der Erfahrung, dem Geschick des einzelnen Arbeiters. Tempo, Rhythmus und Abfolge der Arbeitsoperationen sind direkt bestimmt durch die lebendige menschliche Arbeit. Dies ändert sich – wie Marx ausführlich untersucht hat – sehr wesentlich mit dem Übergang zur maschinellen Produktion. Hier vollzieht sich in der Tat eine Objektivierung des Produktionsprozesses. „In der Manufaktur ist die Gliederung des gesellschaftlichen Arbeitsprozesses rein subjektiv, Kombination von Teilarbeitern; im Maschinensystem besitzt die große

[26] G. N. Wolkow, Soziologie der Wissenschaft, a.a.O., S. 100.

Industrie einen ganz objektiven Produktionsorganismus, den der Arbeiter als fertige materielle Produktionsbedingung vorfindet."[27] „Mit dem Arbeitswerkzeug geht auch die Virtuosität in seiner Führung vom Arbeiter auf die Maschine über. Die Leistungsfähigkeit des Werkzeugs ist emanzipiert von den persönlichen Schranken menschlicher Arbeitskraft."[28] Unter den Bedingungen der mechanisierten Produktion, der klassischen Maschinerie geht die Gesamtbewegung des Prozesses nicht vom Arbeiter, sondern von der Maschine aus. Der Arbeiter, das Subjekt der Produktion, ist hier ein Anhängsel der Maschine, eingeschlossen in einen Arbeitsprozeß, dessen Bewegung in entscheidendem Maße von der Maschinerie, von den objektiven Elementen des Arbeitsprozesses gesteuert wird.

Unter den Bedingungen zunehmender Automatisierung ändert sich die Beziehung zwischen Mensch und Arbeitsmittel grundlegend. Der Mensch wird von der Funktion der unmittelbaren Steuerung und Regelung des Produktionsprozesses befreit, er tritt aus diesem Produktionsprozeß gewissermaßen heraus, wird zu einem „Regler höherer Ordnung". Das heißt, er löst sich aus seiner technologischen Einbindung in den Produktionsprozeß. Die Beziehungen zwischen Mensch und Maschine werden in der Tendenz elastischer. Dies kann so weit führen, daß die Arbeit des Menschen und die „Arbeit" der Maschinen zeitlich wie örtlich getrennt werden können. Die Steuerung des konkreten Arbeitsverhaltens erfolgt nicht durch die technologischen Prozesse. Überhaupt nehmen die Möglichkeiten der äußeren Steuerung des menschlichen Arbeitsverhaltens ab, so daß die innere Motivation, die inneren Antriebe zur Arbeit zugleich an Bedeutung gewinnen. In der Tat gewinnt der Mensch – wie G. N. Wolkow dies immer wieder betont – eine neue „technologische Stufe der Freiheit", die sich natürlich erst unter kommunistischen Verhältnissen voll entfalten kann.[29]

Den drei Grundtypen der Arbeitsmittel, den drei großen Epochen in der Entwicklung der Produktivkräfte entsprechen auch drei Grundtypen des unmittelbaren Produzenten: der persönlich unfreie Arbeiter (Sklave, Leibeigener), dessen subjektive Fähigkeiten, vermittelt durch das von ihm geführte Handwerkzeug, das Produktionsresultat bestimmen; der doppelt freie Lohnarbeiter, frei vom Eigentum an den Produktionsmitteln und von persönlicher Abhängigkeit, der seine Arbeitskraft als Ware verkauft, dessen Unterordnung unter den Kapitaleigentümer technologisch über die Unterordnung der lebendigen Arbeit unter die tote realisiert wird, der ein Zubehör, ein Anhängsel der Maschinerie ist; der Arbeiter, der komplizierte komplexe Systeme sich selbst steuernder und regelnder Anlagen programmiert und über-

[27] K. Marx, Das Kapital. Erster Band, in: MEW, Bd. 23, a.a.O., S. 407.
[28] Ebenda, S. 442.
[29] G. N. Wolkow, Soziologie der Wissenschaft, a.a.O., S. 98–100.

wacht, der die wissenschaftlichen Grundlagen komplexer Produktionsprozesse beherrscht, dessen Arbeit sich durch eine dialektische Einheit geistiger und körperlicher Tätigkeiten auszeichnet, der ein hohes Verantwortungsbewußtsein, eine starke innere Motivation der Arbeit besitzt. Es kann keinen Zweifel darüber geben, daß dieser gesellschaftliche Produzententyp sich erst unter den Bedingungen gesellschaftlichen Eigentums voll entfalten kann. Zu bemerken wäre hier, daß sich mit dem Übergang zur Automatisierung die Beziehungen zwischen den objektiven Produktionsbedingungen und dem subjektiven Faktor der Produktion, der menschlichen Arbeit, recht kompliziert gestalten. Zu den wichtigsten, vor allem mit der Automatisierung einhergehenden Veränderungen in den Beziehungen zwischen Mensch und Technik, in den Arbeitsinhalten, gehören vor allem die folgenden:

Erstens: Die Automatisierung bewirkt eine höhere Stufe in der Objektivierung der Produktionsprozesse und – in dialektischer Wechselwirkung hiermit – zugleich eine wachsende Rolle des subjektiven Faktors, der lebendigen menschlichen Arbeit.

Die Wirkung menschlicher Arbeit auf den Gegenstand ihrer Tätigkeit wird mehr und mehr durch die Technik vermittelt. Natürlich nicht nur in quantitativer Hinsicht, durch wachsenden Umfang der vom Menschen in Bewegung gesetzten Arbeitsmittel, sondern vor allem in qualitativer Hinsicht, durch die fortschreitende Übertragung menschlicher Arbeitsfunktionen auf die technischen Mittel. Die Wirksamkeit dieser Operationen, das unmittelbare Produktionsergebnis, wird mehr und mehr durch die technisch-ökonomischen Parameter der Arbeitsmittel bestimmt. Natürlich bedeutet dies nicht, daß der Einfluß derjenigen Arbeiter auf das Produktionsergebnis zurückgeht, die die Produktionsanlagen regeln, steuern, überwachen, wie bürgerliche Ideologen behaupten. Arbeitsmittel sind immer Verstärker menschlicher Tätigkeit, im positiven wie im negativen Sinne. Der Stillstand eines automatisierten Maschinensystems verursacht natürlich einen größeren ökonomischen Verlust je Zeiteinheit als der Stillstand einer herkömmlichen Werkzeugmaschine. Und es ist ja nicht so, daß mit fortschreitender Technisierung, mit der Automatisierung etwa, der Mensch aus „dem Produktionsprozeß" heraustritt; es gibt keine menschenlose Produktion. Der Mensch löst sich immer nur aus bestimmten technologischen Prozessen, die dann selbsttätig ablaufen, und wird – wie Georg Klaus es einmal formulierte – zu einem „Regulator höherer Ordnung".

Diese zunehmend durch komplizierte Maschinensysteme vermittelte Wirkung der lebendigen Arbeit auf ihren Gegenstand hat zur Folge, daß die Anschaulichkeit des technologischen Prozesses geringer wird; die Informationen über seinen Ablauf beruhen nicht auf den sinnlichen Wahrnehmungen des Prozesses selbst, sondern der Zeichen

(Meßwerte, Signale u. a.), die seine Parameter beschreiben. Diese abnehmende Anschaulichkeit wird auch dadurch bewirkt, daß neben die mechanischen technologischen Verfahren, die die äußere Gestalt des Arbeitsgegenstandes verändern, zunehmend solche treten, die die innere molekulare, atomare Struktur des Arbeitsgegenstandes verändern; sie sind der direkten sinnlichen Wahrnehmung nicht mehr zugänglich.

Diese Entwicklungen sind von bürgerlichen Ideologen immer wieder zum Anlaß genommen worden, eine polarisierende Wirkung des wissenschaftlich-technischen Fortschritts auf die Qualifikationsstruktur der Werktätigen zu behaupten. Insbesondere wird gesagt, daß der Gegensatz zwischen technischer Intelligenz und Arbeitern dadurch größer würde. Nur die Intelligenz sei in der Lage, sich das anzueignen, denn es könne nur durch systematische Bildung erworben werden. Techniker und Ingenieure würden dafür sorgen, „daß der mechanische Prozeß die lebendige Arbeit beherrscht ... Sie verkörpern die Dichotomie zwischen manueller und intellektueller Arbeit, Gedanken und Ausführung. Sie besitzen bedeutende finanzielle, gesellschaftliche und kulturelle Privilegien. Sie sind der unmittelbare Gegner der Arbeiter; sie repräsentieren die Fähigkeiten, das Wissen und die Macht, deren die Arbeiter beraubt sind".[30] Die Erfahrungen zeigen, daß die Wirkungen des wissenschaftlich-technischen Fortschritts auf die Veränderung der Arbeitsinhalte sehr verschieden, ja gegensätzlich sein können – je nachdem, unter welchen sozialökonomischen Verhältnissen sie sich vollziehen, wie zum Beispiel das Bildungssystem beschaffen ist. Ohne Zweifel erfordert der wissenschaftlich-technische Fortschritt in zunehmendem Maße, daß der Arbeiter ein „inneres theoretisches Modell" der technologischen Vorgänge besitzt, wenn die Voraussetzungen seiner subjektiven Identifizierung mit der Arbeitsaufgabe nicht abgebaut werden sollen. Im Sozialismus, unter den Bedingungen unseres Landes, da eine zehnklassige allgemeinbildende polytechnische Oberschule existiert, nahezu alle Mädchen und Jungen einen Beruf erlernen, umfassende Bildungsmöglichkeiten bestehen, haben eben die Arbeiter „die Fähigkeiten, das Wissen und die Macht", in kameradschaftlicher Zusammenarbeit mit den Angehörigen der Intelligenz mit der modernen Technik auf menschenwürdige Weise fertig zu werden.

Zweitens: Der wissenschaftlich-technische Fortschritt vergrößert die Möglichkeiten der Zusammenführung von Arbeitsfunktionen, der Erweiterung des Arbeitsbereiches und führt zu wachsender Bedeutung der subjektiven Motivation der Arbeit. Das Prinzip der klassi-

[30] André Gorz, Technische Intelligenz und kapitalistische Arbeitsteilung, in: Technologie und Kapital, Hrsg. R. Vahrenkamp, Frankfurt (Main) 1973, S. 105.

schen Maschinerie war die fortschreitende Aufgliederung der Arbeitstätigkeiten, die Verwandlung des Arbeiters in einen Teilarbeiter. Die von J. Taylor begründete „wissenschaftliche Betriebsführung" mit ihrer Analyse und zeitlichen Normierung der Arbeitsoperationen hat es in kapitalistischen Ländern mittlerweile auf Arbeitstakte von zehn Sekunden, d. h. auf mehr als 2000 zu verrichtende gleiche Körperbewegungen in jeder Schicht, gebracht. Selbst aus der Sicht der Profitmaximierung werden die Grenzen weiterer Zergliederung der Arbeitsoperationen immer spürbarer. Dies und die zunehmende Arbeitsunzufriedenheit, die hohe Fluktuation im Bereich der Fließbandarbeit waren der Grund, weshalb – vor allem dort, wo die Fließbandarbeit ihren Ausgang genommen hatte, in der Automobilindustrie – Formen der sogenannten Gruppenarbeit eingeführt werden. Hier wird einer Anzahl von Arbeitern z. B. die Montage einer bestimmten Baugruppe zugewiesen, wobei die Aufteilung der einzelnen Operationen von der Gruppe eigenverantwortlich geregelt werden kann. Die Arbeit ist dadurch abwechslungsreicher. Doch stehen die so erreichten Fortschritte in krassem Mißverhältnis zu dem Lärm, der hierüber in den kapitalistischen Massenmedien über eine angeblich fortschreitende „Humanisierung der Arbeit" ausgelöst wurde.

Versucht man, die objektiven Grundlagen der Tendenzen der weiteren Aufgliederung bzw. der Zusammenführung von Arbeitsoperationen näher zu analysieren, so ist zweierlei festzustellen: Von den Wirkungen des technischen Fortschritts her – vor allem bedingt durch den zunehmenden Anlagencharakter der Arbeitsmittel, den Übergang von der Einzelmaschine zum Maschinensystem und durch fortschreitende Automatisierung – gewinnt die Tendenz zunehmender Komplexität der Arbeitsaufgaben, der Zusammenführung von Arbeitsoperationen, der Ausweitung des Aufgabenbereichs an Gewicht. Die Untergliederung der Taktzeiten in der mechanischen Bearbeitung von Werkstücken setzt sich zweifellos weiter fort. Dies vollzieht sich jedoch weitgehend innerhalb des mechanischen Systems und muß folglich nicht zu einer weiteren Untergliederung der menschlichen Arbeitsoperationen führen. Da durch ein technisches System zwar eine Gesamtheit zu verrichtender Arbeitsoperationen bestimmt wird, nicht aber deren Aufteilung auf die einzelnen Arbeiter, besitzt die „Arbeitsteilung im einzelnen" eine relativ eigenständige Bedeutung für die Gestaltung der Arbeitsinhalte. Die Prozesse der Teilung und Kooperation der Arbeit sind immer Prozesse dialektischer Wechselwirkungen der Entwicklung der Produktivkräfte und der Produktionsverhältnisse. Und eben hieraus erklärt sich, daß gleiche technische Systeme unter kapitalistischen und unter sozialistischen Bedingungen zu sehr verschiedenen Arbeitsinhalten geführt haben. Die kapitalistische Profitwirtschaft bevorzugt ganz eindeutig die Tendenz der Aufgliederung der Arbeitsoperationen, auch dort, wo – wie bei automatisierten Produktionsprozessen – das technische System zu komplexeren Arbeitsfunktionen drängt. Hier bestätigt sich die Bemerkung von Engels: „Während aber die kapitalistische Anwendungsweise der Maschinerie die alte Teilung der Arbeit mit ihren knöchernen Partikularitäten weiter fortführen muß, trotzdem diese technisch überflüssig geworden, rebelliert die Maschinerie selbst gegen diesen Anachronismus."[31] Die Fließbandarbeit ist ohne Zweifel die perfekteste technische Realisierung des kapitalistischen Produktionsverhältnisses, weil sie die Herrschaft des Kapitals über die Arbeit umsetzt in die völlige Unterordnung des Menschen unter die Maschine, die den Rhythmus seiner Arbeit diktiert.

Auch unter sozialistischen Bedingungen werden wir in absehbarer Zukunft auf Fließbandarbeit nicht verzichten können. Untersuchungen in unseren Betrieben ergaben, daß etwa die Fluktuation in Bereichen der Fließbandarbeit durchaus nicht überdurchschnittlich sein muß; der Zusammenhalt im Kollektiv ist oft sehr gut, es gibt ein reges Brigadeleben, die Neuerertätigkeit allerdings ist meist unterdurchschnittlich. Fließband und Fließband kann eben doch etwas sehr Verschiedenes sein, das gilt auch für die Arbeitsbedingungen, die am Fließband herrschen. Zwei Momente spielen hier eine Rolle: Es gibt bei uns nicht diese Arbeitshetze, die auf Wohlbefinden und Gesundheit der Menschen keine Rücksicht nimmt, und es existiert ein soziales Umfeld, das starke, die monotone Arbeitstätigkeit zum Teil kompensierende Wirkungen hat: gesellschaftliche Aktivität, eine Vielfalt stimulierender sozialer Beziehungen und geistig-kultureller Interessen.

Eines der vornehmsten Anliegen der wissenschaftlichen Arbeitsorganisation besteht darin, den gesamten Spielraum der technischen Systeme für eine auf die Gestaltung progressiver Arbeitsinhalte gerichtete Teilung und Kombination der Arbeit maximal auszuschöpfen. Zu den großen Möglichkeiten, die die sozialistischen Produktionsverhältnisse dafür bieten, gehören die Verbindung von planenden, produktionsvorbereitenden und ausführenden Tätigkeiten, von Bedienung und Überwachung der Anlagen mit Aufgaben der Instandhaltung, die Bedienung und Überwachung größerer Maschinenkomplexe durch Arbeitskollektive sowie der planmäßige Arbeitsplatzwechsel und andere Möglichkeiten mehr. Die Zusammenführung von Arbeitsfunktionen wird im Sozialismus durch die realen sozialökonomischen Gegebenheiten unterstützt. Es hat z. B. keinen Sinn, die Arbeitstätigkeiten bewußt so zu untergliedern, daß sie von angelernten Arbeitskräften ausgeführt werden können, wenn nahezu alle Jugendlichen die zehnklassige polytechnische Oberschule absolvieren und einen Beruf erlernen.

[31] Friedrich Engels, Herrn Eugen Dührings Umwälzung der Wissenschaft, in: MEW, Bd. 20, Berlin 1962, S. 274.

Besonders widersprüchlich sind die Wirkungen des wissenschaftlich-technischen Fortschritts auf die technologische Bestimmtheit der Arbeitsfunktionen; es gibt hier sehr unterschiedliche, zum Teil gegenläufige Tendenzen, deren Ausmaß und Gewicht auch in der gesellschaftswissenschaftlichen Literatur nicht einheitlich beurteilt werden. Über eines allerdings kann es keinen Zweifel geben: Die technologische Disziplin gewinnt generell an Bedeutung, d. h. die strikte Befolgung der technischen Vorschriften – einschließlich der Sicherheitsvorschriften – für den Betrieb und die Wartung der Anlagen.

Viele technische Veränderungen führen zu einer zunehmenden technologischen Bestimmtheit der Arbeitsoperationen in dem Sinne, daß die Art ihrer Ausführung, ihre Geschwindigkeit und ihre Aufeinanderfolge weitgehend durch das technische System vorgeschrieben werden. Die höheren Stufen der Technisierung, vor allem die zunehmende Automatisierung sind jedoch mit einer anderen, entgegengesetzten Tendenz verbunden. So sind Arbeitstätigkeiten, die von einem Kollektiv verrichtet werden, das ein automatisiertes Maschinensystem überwacht, natürlich weder in ihrem Inhalt noch in ihrer Aufeinanderfolge so vorbestimmt wie beim Fließband. Schließlich geht es hier um sich selbst steuernde und regelnde Anlagen, die vor allem Funktionen des Programmierens, Einrichtens und Überwachens erfordern sowie das unmittelbare Eingreifen dann, wenn der Prozeß ins Stokken gerät. Dies bedeutet, daß die Beziehungen zwischen Mensch und Maschine elastischer werden. Es verringern sich überhaupt die Möglichkeiten der „äußeren Steuerung" des konkreten Arbeitsverhaltens; um so wichtiger wird die innere Motivation der Arbeit, die bewußte Einstellung zur Arbeit. Dies ist ein Ausdruck der Tatsache, daß die modernen Produktivkräfte immer dringlicher sozialistische Verhältnisse erfordern. Die Klagen in der kapitalistischen Welt darüber, daß man dem einzelnen Arbeiter ein immer größeres Kapital anvertrauen müsse, daß andererseits aber die probaten Mittel der äußeren Steuerung des Arbeitsverhaltens wie Akkordlohn, Bandgeschwindigkeit und ähnliche vor der automatisierten Technik versagen, werden auch durch noch so große Bemühungen um eine wirksamere Motivation, um die engere Bindung des Arbeiters an die „Interessen der Firma" nicht aus der Welt geschafft werden können. Der Arbeiter bleibt Objekt der kapitalistischen Ausbeutung, auch wenn sein Verhalten statt durch äußere Mittel nun mehr „über den Kopf" gesteuert, sein Bewußtsein manipuliert wird. Er kann sich zum Produkt seiner Arbeit nur dort als zu Eigenem verhalten, wo es ihm tatsächlich gehört.

Natürlich bewirken Veränderungen der objektiven gesellschaftlichen Verhältnisse nicht automatisch auch entsprechende Veränderungen der subjektiven Verhaltensweisen der Menschen. Die Beseitigung der Ausbeutung, der Arbeitslosigkeit hatte zunächst zur Folge, daß die spezifisch kapitalistischen Antriebe zur Arbeit – Existenzangst, ökonomischer Zwang – außer Kraft gesetzt wurden. Die „Ingangsetzung" der spezifisch sozialistischen Antriebe zur Arbeit ist dagegen ein längerfristiger Prozeß der Erziehung und Selbsterziehung der Arbeiterklasse, der – wie Lenin sagte – des „andauerndsten, hartnäkkigsten, schwierigsten Heroismus der alltäglichen Massenarbeit" bedarf.[32] Ohne Zweifel ist die systematische Ausbildung einer sozialistischen Einstellung zur Arbeit das zentrale Problem im Prozeß der Gestaltung der entwickelten sozialistischen Gesellschaft; in ihr verbinden sich die wachsende politische Reife der Werktätigen, die Entfaltung sozialistischer Persönlichkeiten und Kollektivbeziehungen und die Entwicklung der produktiven Potenzen der sozialistischen Gesellschaft.

Insgesamt ergibt sich, daß automatisierte Produktionen sich selbst steuernde technologische Prozesse sind, die ohne das unmittelbare Zutun der Menschen ablaufen, so daß das Produktionsergebnis vollständig durch die Parameter der Maschine bzw. durch das vorgegebene Programm bestimmt ist. Keineswegs zieht die Automation – wie bürgerliche Ideologen immer wieder behaupten – mechanisch eine abnehmende Bedeutung des *subjektiven* Faktors in der unmittelbaren Produktion nach sich. Das Gegenteil ist der Fall: Verantwortungsbewußtsein, Bildung und Qualifikation, schöpferisches und aktives Verhalten, die Fähigkeit zur selbständigen Wissensaneignung – all dies wird zunehmend wichtiger, und zwar auch im ganz elementaren ökonomischen Sinne. Aber es realisiert sich ökonomisch zunehmend *indirekt* – über die qualitative Beschaffenheit der vom Menschen geschaffenen Produktionsmittel, über die von ihm vorgegebenen Programme und schließlich über die zeitliche Ausnutzung der Maschinen, den störungsfreien Ablauf des technologischen Prozesses. Die Dialektik dieser Entwicklung besteht darin, daß die zunehmende Objektivierung der Produktionsprozesse in der allgemeinen Tendenz eine zunehmende Bedeutung des subjektiven Faktors, der lebendigen menschlichen Arbeit bewirkt. Wesentliche Gründe hierfür liegen darin, daß mit zunehmender Automatisierung eine steigende Fondsausstattung der Arbeit verbunden ist, mit steigender Arbeitsproduktivität die ökonomische Wirkung der menschlichen Arbeit und damit die Verantwortung der Werktätigen wesentlich zunimmt; daß die zunehmende Objektivierung der Produktionsprozesse im vorhin angeführten Sinne zur wachsenden Anforderung an die Beherrschung der wissenschaftlichen Grundlagen komplexer technologischer Prozesse führt, und schließlich darin, daß die abnehmende technologische Bestimmtheit der Arbeitsoperationen eine wachsende Rolle der inneren Einstellung zur Arbeit erfordert und stimuliert.

[32] W. I. Lenin, Die große Initiative, Werke Bd. 29, Berlin 1961, S. 413.

2.3. *Wissenschaft und Produktion*

Den drei großen Epochen in der Entwicklung der Produktivkräfte entsprechen auch drei verschiedene Perioden in der Verbindung von Wissenschaft und Produktion. Die Entstehung der Wissenschaft mit dem Zerfall der Urgesellschaft und ihrer Spaltung in Klassen, der beginnenden Trennung von geistiger und körperlicher Arbeit, war von Anfang an in entscheidendem Maße durch praktische Bedürfnisse der Gesellschaft bedingt. Gleichzeitig ist jedoch für die vorkapitalistischen Produktionsweisen charakteristisch, daß die Wissenschaft nur sehr vereinzelt und zufällig auf die Produktion zurückwirkt. Die Bedingungen für die Verwandlung der Wissenschaft in eine Produktivkraft waren infolge des niedrigen Entwicklungsstandes der wissenschaftlichen Erkenntnis selbst und vor allem infolge des niedrigen Entwicklungsstandes der Produktivkräfte noch nicht gegeben. Die materielle Grundlage dieser Gesellschaftsordnungen war die zersplitterte Kleinproduktion, die ihrem Wesen nach die Verwandlung der Wissenschaft in eine unmittelbare Produktivkraft ausschließt und der Wissenschaft als Produktivkraft nicht bedurfte. Nur dort, wo es Elemente gesellschaftlicher Großproduktion gab, wie z. B. im Bauwesen oder beim Bau von Bewässerungsanlagen, spielte die Wissenschaft eine gewisse Rolle bei der Entwicklung der Produktion. Die Höherentwicklung der Produktivkräfte vollzog sich in diesen auf der Kleinproduktion beruhenden Gesellschaftsordnungen vor allem auf dem Wege der Akkumulation von Produktionserfahrungen durch die unmittelbaren Produzenten, die Bauern und Handwerker. Kopf- und Handarbeit waren, soweit es die materielle Produktion unmittelbar betrifft, noch nicht getrennt, sie hatten sich noch nicht verselbständigt.

Die zweite Entwicklungsetappe im Verhältnis zwischen Produktion und Wissenschaft beginnt mit der Herausbildung der kapitalistischen Produktionsweise, welche die Kleinproduktion mehr und mehr vernichtet und die gesellschaftliche Großproduktion hervorbringt. Mit der Entwicklung der Großproduktion ist von Anfang an die Aufhebung der ursprünglichen Einheit des Arbeitsprozesses, der geistige und körperliche Tätigkeit beinhaltet, verbunden. (Daß diese Trennung nicht absolut sein kann, versteht sich von selbst.) Die geistigen Potenzen des Arbeitsprozesses verselbständigen sich und bilden einen wesentlichen Faktor der Entwicklung der modernen Wissenschaft, die dem Arbeiter dann als Macht des Kapitals gegenübertritt, vergegenständlicht vor allem in den Arbeitsmitteln.

So bedeutend diese Wandlung im Verhältnis von Produktion und Wissenschaft auch gewesen ist, waren ihr Zusammenhang und ihre Wechselwirkung im vormonopolistischen Kapitalismus dennoch überwiegend zufällig, sporadisch und keineswegs sehr intensiv. Die großen technischen Errungenschaften der industriellen Revolution befanden sich in einer im ganzen recht losen Verbindung zu den wissenschaftlichen Errungenschaften dieser Zeit; die Erfinder der Spinnmaschine, des mechanischen Webstuhls oder auch der Dampfmaschine waren Empiriker, mitunter entstammten sie gar technikfremden Berufen.

Die dritte Entwicklungsperiode in der Beziehung zwischen Wissenschaft und Produktion beginnt um die Wende vom 19. zum 20. Jahrhundert, mit der Revolution der modernen Naturwissenschaft, wie sie von Lenin in seinem Werk „Materialismus und Empiriokritizismus" philosophisch verallgemeinert wurde. Es begann ein stürmisches quantitatives Wachstum des Wissenschaftspotentials, verbunden mit der Vergesellschaftung der wissenschaftlichen Arbeit, d. h. dem allmählichen Übergang vom handwerklichen zum industriellen Stadium der Wissenschaft. „Wissenschaft als Institution, in der Hunderttausende von Menschen ihren Beruf finden, ist das Resultat einer Entwicklung der neuesten Zeit. Erst seit Beginn des 20. Jahrhunderts kann der Beruf des Wissenschaftlers in bezug auf seine Bedeutung mit den viel älteren Berufen der Geistlichen oder des Juristen verglichen werden."[33] Nach Schätzungen Bernals gab es 1896 etwa 50000 Wissenschaftler in der Welt, davon waren etwa 15000 in der Forschung tätig. Mitte der 50er Jahre betrugen diese Zahlen 2 Millionen bzw. 400000[34]. 90 Prozent der Wissenschaftler, die je gelebt haben, lebten und leben in unserem Jahrhundert. Wissenschaftlerstädte wie Dubna, der Sitz des Vereinigten Kernforschungsinstituts der sozialistischen Länder, oder Akademgorodok, das wissenschaftliche Zentrum der Sibirischen Abteilung der Akademie der Wissenschaften der UdSSR, sind erst charakteristisch für unser Jahrhundert. Die Vergesellschaftung der Wissenschaft äußert sich in der zunehmenden Rolle der Kooperation in der wissenschaftlichen Arbeit und in der Veränderung des Charakters der von der Wissenschaft verwendeten Instrumente und Apparate. Diese verlieren ihren privaten Charakter, ihre handwerklichen Dimensionen. Waren sie noch vor dreißig bis vierzig Jahren zwerghaft, für den persönlichen Gebrauch des einzelnen Wissenschaftlers geeignet und finanziell für ihn erschwinglich, so sind sie heute, ob es sich um Rechenautomaten oder Riesenteleskope, Teilchenbeschleuniger oder um leistungsstarke Meßinstrumente der verschiedensten Art handelt, in der Regel nur gesellschaftlich anwendbar und übersteigen bei weitem die finanziellen Möglichkeiten des einzelnen Wissenschaftlers. Frederic Joliot Curie charakterisiert diesen Übergang von der handwerklichen Stufe zur industriellen Stufe der Wissenschaft wie folgt: „Vor kaum 20 Jahren konnte die zur Erforschung der Atomkerne benutzte Atomartillerie noch in einem wenige

[33] J. D. Bernal, Die Wissenschaft in der Geschichte, Berlin 1961, S. 20.
[34] Vgl. ebenda, S. 495.

Kubikzentimeter großen Fläschchen aufbewahrt werden. Mancher Versuch, der zu Resultaten von außerordentlicher Tragweite führte, erforderte nur wenig Raum: einige Quadratmeter Platz und Geräte, die nicht groß waren ... Die Notwendigkeit, die Materie immer tiefer zu erforschen, hat zur Entwicklung immer stärkerer technischer Mittel geführt, von denen viele sehr umfangreich und kompliziert sind. Schnell eroberten sich die Geräte zur Beschleunigung der „Geschosse": Hochspannung, Zyklotron, Betatron, Synchrotron, Synchrozyklotron – schwere, große Apparate – ihren Platz in den Laboratorien.[35]

Seit den 50er Jahren beschleunigte und vertiefte sich dieser Prozeß des Zusammenwirkens von Wissenschaft und Produktion, der zunehmenden Verwandlung der Wissenschaft in eine unmittelbare Produktivkraft und der Verwandlung der Produktion in angewandte Wissenschaft. Es ist hier zunächst eine Beschleunigung in der Entwicklung des Wissenschaftspotentials festzustellen. Der Anteil der Aufwendungen für Wissenschaft und Technik am Nationaleinkommen ist in dieser Zeit schnell angestiegen: in der DDR von 1,1 Prozent 1950, 2,1 Prozent im Jahre 1965 auf 4,3 Prozent im Jahre 1970. In dieser Periode der Herausbildung des modernen Wissenschaftspotentials in den 50er und 60er Jahren ist verständlicherweise der gewachsene Einfluß von Wissenschaft und Technik auf die Entwicklung der Produktion und auf die anderen Bereiche des gesellschaftlichen Lebens in hohem Maße durch die extensive Entwicklung der Wissenschaft bestimmt worden. Heute stehen wir vor der Aufgabe, auch im Bereich der wissenschaftlich-technischen Arbeit den Übergang von einer vorwiegend extensiven zur intensiven Entwicklungsphase zu vollziehen. Dies bedeutet, daß in Zukunft die wachsenden Ergebnisse der wissenschaftlich-technischen Arbeit nicht in dem Maße durch die Erweiterung des Wissenschaftspotentials bewirkt werden können wie in den 50er und 60er Jahren, sondern durch die Erhöhung der Effektivität der wissenschaftlich-technischen Arbeit. (In der ökonomischen Literatur wird darauf hingewiesen, daß der Anteil der Aufwendungen für Wissenschaft und Technik mit großer Wahrscheinlichkeit die 6- bis 7-Prozent-Grenze nicht überschreiten wird.)

Im Ergebnis dieser Entwicklung hat sich seit den 50er Jahren in den fortgeschrittenen Industrieländern ein stabiler Zusammenhang von Wissenschaft und Produktion herausgebildet. Dies bedeutet, daß von der Grundlagenforschung für die angewandte Forschung ein breiter und stetig fließender Strom wissenschaftlicher Ideen zu einer beständigen Umwälzung der Erzeugnisse und Verfahren führt, die ebenso kontinuierlich in den Wirtschaftsprozeß einfließen. Dieser Strom wis-

[35] Joliot-Curie, F. Gefahren des industriellen Charakters der Forschung. Wissenschaftliche Welt, Berlin 1959, H. 1, S. 33.

senschaftlicher Ideen wird mehr und mehr zur Voraussetzung der qualitativen Erneuerung der materiell-technischen Basis, der Erzeugnisse und Verfahren, wobei die Rückwirkungen der Bedürfnisse und Erfordernisse der Produktion auf die wissenschaftliche Arbeit ebenso intensiver und zwingender geworden ist. Es kann heute in der Produktion keinen wesentlichen Fortschritt geben, für den die Wissenschaft nicht den Weg geebnet hätte.

Die Analyse der komplizierten inneren Struktur des Zyklus Wissenschaft–Technik–Produktion, der Hauptlinien und Knotenpunkte in den Wechselwirkungen zwischen Wissenschaft und Produktion sowie deren bewußtere, rationellere Gestaltung ist zu einer der wichtigsten Voraussetzungen der Steigerung der Effektivität der Produktion wie der Wissenschaft geworden.

Auch in den Beziehungen zwischen Wissenschaft und Produktion finden wir also die gleichen drei Entwicklungsepochen der Produktivkräfte wieder. Es kann meines Erachtens nicht bezweifelt werden, daß die Beziehungen zwischen Wissenschaft und Produktion unter den Bedingungen der wissenschaftlich-technischen Revolution sich von denen unter den Bedingungen der klassischen Maschinerie des vormonopolistischen Kapitalismus nicht weniger unterscheiden als die Beziehungen zwischen Wissenschaft und Produktion in den vorkapitalistischen Produktionsweisen von denen im vormonopolistischen Kapitalismus. Zum erstenmal in der Geschichte der Produktivkräfte treffen die Revolutionen in der Wissenschaft und in der Technik zusammen, und zwar nicht nur zeitlich; sie sind dem Wesen nach untrennbar miteinander verbunden, so daß die Bezeichnung „wissenschaftlich-technische Revolution" zutreffend ist.

2.4. Typen der Reproduktion

Den drei großen historischen Epochen in der Entwicklung der Produktivkräfte entsprechen auch drei verschiedene Typen der Reproduktion. Die vorkapitalistischen Produktionsweisen sind charakterisiert durch eine im wesentlichen einfache Reproduktion. Dies hebt natürlich die Tatsache nicht auf, daß das Grundschema der ökonomischen Entwicklung die erweiterte Reproduktion ist; anders wäre der Fortschritt der Produktivkräfte gar nicht zu erklären. Das Tempo dieses Fortschritts ist jedoch in den vorkapitalistischen Produktionsweisen im ganzen außerordentlich langsam; es treten relativ lange Perioden faktischer Stagnation auf, Rückentwicklungen, der Untergang ganzer Kulturen und Völker. Die kapitalistische Produktionsweise, beruhend auf der materiell-technischen Basis, wie sie die industrielle Revolution hervorgebracht hatte, war die erste, die durch die erweiterte Reproduktion charakterisiert ist. Der Reproduktionstyp, der sich im Ergebnis der wissenschaftlich-technischen Revolution allmählich herausbildet, ist auch durch eine ständig erweiterte Stufenleiter charakterisiert, unterscheidet sich aber von den Quellen und den in der Konsequenz *notwendigen* Zielen und Triebkräften grundlegend von dem Reproduktionstyp der kapitalistischen Produktionsweise (des vormonopolistischen Kapitalismus).

Wollte man diese drei Grundtypen der Reproduktion nach den bestimmenden Wachstumsfaktoren unterscheiden, so ließe sich sagen: in den vorkapitalistischen Produktionsweisen war die Entwicklung der Produktion im wesentlichen eine Funktion der Arbeiterzahl, d. h., es gab keine ausgeprägte Tendenz steigender Arbeitsproduktivität, die Reproduktion vollzog sich auf einfacher Stufenleiter. Mit dem Übergang zur Manufaktur und schließlich zur klassischen Maschinerie löste sich die Produktionsentwicklung zunehmend von der eingesetzten Menge lebendiger Arbeit und wurde im wesentlichen eine Funktion der eingesetzten vergegenständlichten Arbeit, sowohl in quantitativer als auch noch mehr in qualitativer Hinsicht.

Der Kapitalismus ruft „alle Mächte der Wissenschaft und der Natur, wie der gesellschaftlichen Kombinationen und des gesellschaftlichen Verkehrs ins Leben, um die Schöpfung des Reichtums unabhängig (relativ) zu machen von der auf sie angewandten Arbeitszeit".[36] Soweit die Wissenschaft hier zur Produktivkraft wird, wirkt sie vor allem über die Vervollkommnung der gegenständlichen Elemente der Produktion und deren Organisation. Im ganzen aber ist zu beobachten, daß unter diesen Bedingungen zwar die Arbeitsproduktivität beständig und in hohem Tempo steigt, aber im wesentlichen im gleichen Maße wie die Fondsausstattung der Arbeit wächst, so daß das Produktionsergebnis je Einheit Arbeitsmittelwert sich nicht wesentlich verändert.

Von der wissenschaftlich-technischen Revolution wird mitunter gesagt, daß unter ihren Bedingungen die Entwicklung der Produktion zu einer Funktion der Entwicklung der Wissenschaft wird, so daß sich die Entwicklung der Produktion von der Entwicklung des Arbeitsmittelwertes allmählich löst. Dies ist begleitet von einer Steigerung des Produktionsergebnisses je Einheit eingesetzten Arbeitsmittelwert. Dies knüpft an die Feststellung von Marx an, daß „die Schöpfung des wirklichen Reichtums abhängig weniger von der Arbeitszeit und dem Quantum angewandter Arbeit (wird), als von der Macht der Agentien, die während der Arbeitszeit in Bewegung gesetzt werden und die selbst wieder ... in keinem Verhältnis steht zur unmittelbaren Arbeitszeit, die ihre Produktion kostet, sondern vielmehr abhängt vom allgemeinen Stand der Wissenschaft und dem Fortschritt der Techno-

[36] Karl Marx, Grundrisse der Kritik der politischen Ökonomie, Berlin 1953, S. 593.

logie, oder der Anwendung dieser Wissenschaft auf die Produktion. (Die Entwicklung dieser Wissenschaft, besonders der Naturwissenschaft, und mit ihr alle andren, steht selbst wieder im Verhältnis zur Entwicklung der materiellen Produktion.)"[37] Und an anderer Stelle: „Gleich vermehrter Ausbeutung des Naturreichtums durch bloß höhere Spannung der Arbeitskraft, bilden Wissenschaft und Technik eine von der gegebnen Größe des funktionierenden Kapitals unabhängige Potenz seiner Expansion."[38] Bernal charakterisiert diese Veränderungen in den Wachstumsfaktoren, in den wichtigsten Ausgangspunkten des ökonomischen Fortschritts mit folgenden Worten: „... die cromagnon-Jäger machten den Ackerbauern Platz, die Landwirtschaft wich der Industrie, und *jetzt macht* die Industrie ihrerseits der Wissenschaft Platz".[39] Natürlich ist damit nicht gemeint, daß die Landwirtschaft durch die Industrie oder die Industrie durch die Wissenschaft ersetzt würden. Es geht vielmehr darum, den wesentlichen Ausgangspunkt des technischen Fortschritts zu charakterisieren. Heute schreitet die Wissenschaft der Industrie voran, während das Verhältnis noch zu Beginn unseres Jahrhunderts umgekehrt war.

Selbstverständlich ist das Schema:

– *vorkapitalistische Produktionsweisen* – von Hand geführtes Werkzeug – einfache Reproduktion – die Produktionsmenge ist vor allem eine Funktion der Arbeiterzahlen;
– *kapitalistische Produktionsweise* – klassische Maschinerie – erweiterte, vor allem arbeitssparende Reproduktion – die Produktionsmenge ist vor allem eine Funktion der eingesetzten Maschinerie;
– *sozialistische bzw. kommunistische Produktionsweise* – automatisierte Maschinerie – erweiterte (arbeits-, material- und fondssparende) Reproduktion – die Produktionsmenge ist vor allem eine Funktion des wissenschaftlichen Fortschritts,

in vieler Hinsicht eine recht grobe Abstraktion, von der der konkrete historische Verlauf in sehr starkem Maße abweicht. Natürlich hat es auch in den vorkapitalistischen Produktionsweisen Elemente der erweiterten Reproduktion gegeben, sonst wäre der historische Fortschritt in diesen Epochen nicht erklärbar. Die wissenschaftlich-technische Revolution ist ihrem sozialökonomischen Wesen nach der Prozeß der Herausbildung der materiell-technischen Basis des Kommunismus, nichtsdestoweniger vollzieht sie sich auch in den entwickelten kapitalistischen Ländern, kann aber unter diesen gesellschaftlichen Bedingungen nicht – darauf wird noch zurückzukommen sein – vollendet werden.

[37] Ebenda, S. 592.

[38] K. Marx, Das Kapital, Erster Band, in: MEW, Bd. 23, a.a.O., S. 632.

[39] J. D. Bernal, Wissenschaftlicher Fortschritt und soziale Gerechtigkeit, in: Probleme des Friedens und des Sozialismus, 10/1961, S. 928. (Hervorhebung – H. N.)

Hier soll vor allem eines festgehalten werden: Die wissenschaftlich-technische Revolution ist untrennbar mit dem material- und fondssparenden Typ der erweiterten Reproduktion verbunden. Dies bedeutet, daß die Entwicklung der Produktion deutlich von der Entwicklung verfügbarer Energie- und Materialressourcen abgehoben werden kann und daß eine steigende Fondsquote (steigendes Produkt je Einheit Produktionsfonds, vor allem je Einheit Anlagevermögen) erreichbar ist.

Die Tatsache, daß die Verteuerung bzw. Verknappung vor allem der natürlichen Ressourcen insbesondere seit der zweiten Hälfte der siebziger Jahre, mit wachsenden, durch die wissenschaftlich-technische Revolution geschaffenen Möglichkeiten, den ökonomischen Fortschritt spürbar zu beschleunigen, zeitgleich ziemlich genau zusammenfällt, ist eine bemerkenswerte Bestätigung des Marx-Wortes, daß dann, wenn ein objektiver Widerspruch sich auftut, die objektiven Möglichkeiten seiner Lösung heranreifen. Die durch die Veränderung der objektiven Reproduktionsbedingungen gebotenen Prämissen und Zielstellungen der vom X. Parteitag der SED beschlossenen ökonomischen Strategie für die achtziger Jahre korrespondieren mit den durch die gegenwärtige Etappe der wissenschaftlich-technischen Revolution verursachten qualitativ neuen Potenzen des ökonomischen Fortschritts. Diese Potenzen können in notwendigem Tempo und Ausmaß – wie es die Beschlüsse der 3. Tagung des Zentralkomitees der SED (Dezember 1981) besagen – nur durch eine sehr konsequente Einstellung der Leitung und Planung auf die Prozesse der Intensivierung der Reproduktion erschlossen werden.

Vor allem verlangt dies größere Anstrengungen, gerichtet auf die qualitative Erneuerung der materiell-technischen Basis. Zunächst muß gesagt werden, daß das vielfach anzutreffende Argument, die verfügbaren materiellen Ressourcen würden ein hohes Tempo der qualitativen Erneuerung unserer materiell-technischen Basis nicht erlauben, offenbar nicht zutrifft. Es ist genauso unrichtig wie die Behauptung, es gäbe bei uns zu wenig Arbeitskräfte. Es gibt eine außerordentlich ergiebige Quelle der Vergrößerung der finanziellen und materiellen Ressourcen für die Erneuerung der vorhandenen materiell-technischen Basis: dies ist – wie in den Beschlüssen des X. Parteitages hervorgehoben wird – die energische Reduzierung der extensiven Investitionen.

Hier ist in vielerlei Hinsicht ein gründliches Neudurchdenken wichtiger Fragen der Reproduktion, auch der Reproduktionstheorie, erforderlich. Vor allem ist die veränderte Rolle der einfachen Reproduktion hervorzuheben, die durch die Umsetzung wissenschaftlich-technischen Fortschritts zu einer hochergiebigen Quelle der erweiterten Reproduktion zu machen ist. Ohne einfache und erweiterte Reproduktion schematisch trennen zu wollen – in konkreten Investitionsprozessen wären solche Versuche sehr schädlich – scheint doch der Grundsatz sehr wichtig zu sein, daß der einfachen Reproduktion das Primat zukommt; in dem Sinne, daß erst die Möglichkeiten der qualitativen Erneuerung des vorhandenen Potentials systematisch genutzt werden, bevor über Erweiterungen nachgedacht wird, daß zumindest die Amortisationen ganz selbstverständlich für die qualitative Erneuerung eingesetzt werden. Grundlegende, volkswirtschaftlich bedeutsame strukturelle Veränderungen in der Wirtschaft, die früher vornehmlich über eine entsprechende Steuerung der extensiven Prozesse bewirkt wurden, müssen künftig über eine zielgerichtetere und differenziertere Erneuerungsstrategie verwirklicht werden.

Soll der grundlegende Unterschied zwischen dem Typ der erweiterten Reproduktion, wie er im Ergebnis der wissenschaftlich-technischen Revolution zur gesellschaftlichen Notwendigkeit wird, und der erweiterten Reproduktion unter den Bedingungen der klassischen Maschinerie, der kapitalistischen Produktionsweise herausgehoben werden, so muß vor allem gesagt werden, daß die erstere sich nur unter Bedingungen voll entfalten kann, da die schöpferischen Kräfte des Menschen in der Produktion freigesetzt werden können, wo folglich auch die Befriedigung der Bedürfnisse der Menschen zum objektiven Ziel der Produktion geworden ist. „Obgleich seiner Natur nach selbst borniert, strebt es (das Kapital – H. N.) nach universeller Entwicklung der Produktivkräfte und wird so die Voraussetzung neuer Produktionsweise, die gegründet ist nicht auf die Entwicklung der Produktivkräfte, um einen bestimmten Zustand zu reproduzieren und höchstens auszuweiten, sondern wo die ... freie, ungehemmte, progressive und universelle Entwicklung der Produktivkräfte selbst die Voraussetzung der Gesellschaft und daher ihrer Reproduktion bildet ... Diese Tendenz – die das Kapital hat, aber die zugleich ihm selbst als einer bornierten Produktionsform widerspricht und es daher zu seiner Auflösung treibt – unterscheidet das Kapital von allen frühren Produktionsweisen ..."[40] „Als Fanatiker der Verwertung des Werts zwingt er (der Kapitalist – H. N.) rücksichtslos die Menschheit zur Produktion um der Produktion willen, daher zu einer Entwicklung der gesellschaftlichen Produktivkräfte und zur Schöpfung von materiellen Produktionsbedingungen, welche allein die reale Basis einer höheren Gesellschaftsform bilden können, deren Grundprinzip die volle und freie Entwicklung jedes Individuums ist."[41] Der Reproduktionstyp, wie er im Ergebnis der wissenschaftlich-technischen Revolution gesellschaftlich notwendig wird, setzt in der Konsequenz, in seiner historischen Tendenz, die volle und freie Entfaltung der menschlichen Fähigkeiten in der Produktion, in der Arbeit voraus,

[40] K. Marx, Grundrisse der Kritik der politischen Ökonomie, a.a.O., S. 438.
[41] K. Marx, Das Kapital. Erster Band, in: MEW, Bd. 23, a.a.O., S. 618.

das heißt die Entwicklung des Menschen als objektives Ziel der Produktion selbst. Diese erfordert die Überwindung der bornierten Grundlagen der kapitalistischen Produktion; sie ist unvereinbar mit der Produktion um der Produktion willen, mit der Ausbeutung des Menschen durch den Menschen, mit der massenhaften Vergeudung gesellschaftlicher Arbeit, mit der Unterdrückung des Schöpfertums der werktätigen Massen, mit antagonistischen gesellschaftlichen Beziehungen der Menschen überhaupt. Es ist dies eine Produktion, in der „der wirkliche Reichtum ... die entwickelte Produktivkraft aller Individuen" ist.[42]

Ohne Zweifel ist eine solche Einordnung der wissenschaftlich-technischen Revolution in den historischen Entwicklungsprozeß der Produktivkräfte von großer Bedeutung für ein tiefes Verständnis der sich gegenwärtig und künftig vollziehenden revolutionären Veränderungen in Wissenschaft, Technik und Produktion. Selbstverständlich darf die Heraushebung dieser drei großen Entwicklungsepochen der Produktivkräfte nicht dazu verleiten, genauere, differenziertere Analysen qualitativer Veränderungen der Produktivkräfte von geringerer historischer Tragweite zu vernachlässigen. Die komplizierten Veränderungen in der Entwicklung der Produktivkräfte erfordern ein wesentlich gründlicheres Studium auch der einzelnen Entwicklungstendenzen der Technik, ihres Zusammenwirkens, der Beziehungen zwischen revolutionären und evolutionären Veränderungen in der Technik, der komplizierten Wechselwirkungen zwischen technischen, ökonomischen, sozialen und geistig-kulturellen Prozessen. All dies ist unerläßlich sowohl für die effektive praktische Beherrschung dieser komplizierten Prozesse wie auch für ihre richtige theoretisch-weltanschauliche Interpretation, für die erfolgreiche Auseinandersetzung mit allen Schattierungen antisozialistischer Ideologie. Dieser notwendige Blick auch für das Detail, die differenzierteren, abgeleiteten Prozesse, für die qualitativen Veränderungen in den Produktivkräften darf uns zugleich aber den Blick nicht verstellen für das Verständnis der großen historischen Tragweite dieser revolutionären Veränderungen der Produktivkräfte, die sich im Prozeß der gegenwärtigen wissenschaftlich-technischen Revolution vollziehen. Erst unter der Voraussetzung einer wissenschaftlich begründeten Einordnung der gegenwärtigen wissenschaftlich-technischen Revolution in den historischen Entwicklungsprozeß der Produktivkräfte ist auch eine begründete Analyse der wissenschaftlich-technischen Revolution selbst, ihres Beginns, ihrer Besonderheiten und auch ihrer Entwicklungsetappen möglich.

Diese Gliederung der Entwicklung der Produktivkräfte in drei große Epochen ergibt sich, wie gesagt, wenn von der Veränderung der Grundtypen von Arbeitsmitteln, der Beziehungen zwischen Mensch

[42] Karl Marx, Grundrisse der Kritik der politischen Ökonomie, a.a.O., S. 596.

und Arbeitsmitteln ausgegangen wird. Wird dagegen das naturwissenschaftlich-technische Wesen der gegenwärtigen wissenschaftlich-technischen Revolution nicht in der Herausbildung eines neuen Arbeitsmitteltyps, sondern zum Beispiel in der revolutionären Umgestaltung technologischer Verfahren gesehen, dann ist nicht auszuschließen, daß es in Zukunft wissenschaftlich-technische Revolutionen geben kann, die von gleicher oder gar größerer historischer Tragweite sind wie die gegenwärtige. So ist es z. B. nach den Auffassungen von V. Panov nicht richtig, die systematische, zwingende Verbindung von Wissenschaft und Produktion als ein wesentliches Moment der gegenwärtigen wissenschaftlich-technischen Revolution herauszuheben; denn hier handele es sich um ein Merkmal, das auch für künftige wissenschaftlich-technische Revolutionen mit Gewißheit typisch sein wird, die Panov ganz selbstverständlich für die Zukunft annimmt.[43] Das spezifische Merkmal der gegenwärtigen wissenschaftlich-technischen Revolution, die sie von früheren technischen Revolutionen und von künftigen wissenschaftlich-technischen Revolutionen unterscheide, ist nach Panov die Veränderung der technologischen Verfahren. Welche Technologien oder auch nur Typen von Technologien grundsätzlich in Zukunft möglich sein werden, kann natürlich nicht vorausgesagt werden. Ganz sicher ist der Fortschritt auf diesem Gebiet endlos. Sehen wir das naturwissenschaftlich-technische Wesen der gegenwärtigen wissenschaftlich-technischen Revolution in der revolutionären Veränderung der technologischen Verfahren, dann müssen wir folglich auch die Unvermeidlichkeit weiterer wissenschaftlich-technischer Revolutionen annehmen.

Ganz anders verhält es sich, wenn wir die Veränderung des Arbeitsmitteltyps als das Wesentliche der gegenwärtigen wissenschaftlich-technischen Revolution ansehen. Hier sind logisch wie historisch nur drei Grundtypen möglich, weil sie mit den beiden grundlegenden Komponenten menschlicher Arbeit zusammenhängen, mit der körperlichen und der geistigen Tätigkeit.

Gegen eine solche Periodisierung der Entwicklung der Produktivkräfte in drei große historische Epochen wird häufig eingewandt, daß dies gewissermaßen eine a-priori-Verkleinerung künftiger Entwicklungen bedeuten müsse. Es sei in der Geschichte mehrfach vorgekommen, daß eine gerade vor sich gehende revolutionäre Veränderung als jeweils größte und für alle Zukunft bedeutendste ausgegeben worden sei, was sich später immer wieder als Fehlurteil erwiesen habe. Und schließlich sei überhaupt der praktische Nutzen solcher allgemeinen Urteile über künftige Entwicklungen zu bezweifeln; die

[43] Vgl. V. Panov, Die wissenschaftlich-technische Revolution und die Veränderung in der technischen Basis der Produktion, in: Voprosy ekonomćki, 11/1974.

Bewertung künftiger Entwicklungen solle besser den künftigen Generationen überlassen werden.

Gewiß ist diese These von den drei großen Etappen in der Entwicklung der Produktivkräfte noch Gegenstand weiterer theoretischer Untersuchungen, des wissenschaftlichen Meinungsstreits. Wenn aber die Frage nach dem Wesen und dem historischen Platz der wissenschaftlich-technischen Revolution überhaupt einen Sinn hat, so muß natürlich auch eine solche Antwort, wie sie hier zu geben versucht wird, möglich sein. Und es sei hier hinzugefügt: Diese Periodisierung der Entwicklung der Produktivkräfte, die These, wonach es in Zukunft eine wissenschaftlich-technische Revolution von gleicher historischer Dimension, wie sie die gegenwärtige besitzt, nicht geben könne, wird den Ansprüchen einer historisch-logischen Analogie zwischen der Entwicklung der Produktivkräfte und der Produktionsverhältnisse gerecht. Diese Auffassung korrespondiert mit der marxistisch-leninistischen Grundthese, daß mit der Überwindung der kapitalistischen Gesellschaftsordnung, mit dem Übergang zum Sozialismus die Geschichte der Menschheit erst beginnt, daß die kommunistische Gesellschaftsformation die künftige gesellschaftliche Daseinsform überhaupt sei, daß auf den Kommunismus grundsätzlich keine Gesellschaftsformation folgen könne. All dies bedeutet natürlich nicht, daß sich in der Entwicklung der Produktivkräfte wie der gesellschaftlichen Verhältnisse in der Zukunft keine wesentlichen qualitativen Wandlungen vollziehen könnten. Im Gegenteil: es ist mit Sicherheit anzunehmen, daß die grundsätzliche Übereinstimmung zwischen dem gesellschaftlichen Charakter der Produktivkräfte und deren gesellschaftliche Bewegungsformen eine Dynamik in der gesellschaftlichen Entwicklung insgesamt bewirken wird, wie sie für frühere Geschichtsepochen unbekannt gewesen ist. Diese qualitativen Veränderungen werden sich aber auf der Grundlage und im Rahmen kommunistischer Gesellschaftsverhältnisse und eines Typs der Maschinerie vollziehen, der durch weitgehend selbsttätige Steuerung und Regelung technologischer Prozesse charakterisiert ist. Der Fortschritt der Menschheit ist auf allen Gebieten unendlich.

Zweites Kapitel

Zu den Entwicklungsetappen der wissenschaftlich-technischen Revolution

Über den Beginn der wissenschaftlich-technischen Revolution gibt es in der marxistischen gesellschaftswissenschaftlichen Literatur weitgehende Übereinstimmung; er wird mit den 50er Jahren angesetzt. Die wohl ausführlichste und auch genaueste Charakterisierung des Beginns der wissenschaftlich-technischen Revolution finden wir in dem Buch „Mensch, Wissenschaft, Technik", in dem es heißt: „Was die chronologische Kennzeichnung der wissenschaftlich-technischen Revolution betrifft, so ist zu beachten, daß es sich bei ihr um einen Prozeß handelt, der erst vor relativ kurzer Zeit begonnen hat und auch heute noch nicht voll entwickelt ist. An der Wende vom 19. zum 20. Jahrhundert nahm die ‚neueste Revolution in der Naturwissenschaft' (Lenin) ihren Anfang, die als *Voraussetzung* für das Entstehen der wissenschaftlich-technischen Revolution anzusehen ist. Erst zu Beginn der 40er Jahre unseres Jahrhunderts zeigten sich die ersten *Symptome* dieser Revolution; sie waren verknüpft mit der Erforschung von Möglichkeiten einer praktischen Ausnutzung der Atomenergie, der Entwicklung von Strahltriebwerken und elektronischen Rechenmaschinen, der Herstellung von Werkstoffen mit vorgegebenen Eigenschaften, der Einführung automatischer Systeme und anderen wissenschaftlichen und technischen Errungenschaften. Zur *Entfaltung* kam diese Revolution jedoch erst in der Mitte des 20. Jahrhunderts; gegenwärtig befindet sie sich im Grunde genommen noch im Anfang. Angesichts ihres raschen Fortschreitens ist damit zu rechnen, daß sie sich in der nächsten Zeit noch schneller und kraftvoller entwickeln wird."[1]

[1] Mensch – Wissenschaft – Technik. Versuch einer marxistischen Analyse der wissenschaftlich-technischen Revolution, Berlin 1977, S. 34.

1. Der Beginn qualitativ neuer Entwicklungen im Gesamtsystem der materiell-technischen Basis um die Mitte des 20. Jahrhunderts

Heute ist jeder Zweifel daran ausgeschlossen, daß in den fünfziger Jahren auf allen Gebieten der Technik qualitativ neue Entwicklungen ihren Anfang nahmen, die das Gesamtsystem der materiell-technischen Basis, der Produktivkräfte insgesamt veränderten und weiter verändern. Sichtbarer Ausdruck hierfür waren nicht nur der praktisch-technologische Vorstoß in den Makro-Kosmos (Start des ersten sowjetischen Sputniks im Jahre 1957) und in den Mikro-Kosmos (Inbetriebnahme des ersten Kernkraftwerkes der Welt in der Sowjetunion im Jahre 1955), sondern vor allem die beginnenden Umwälzungen in der materiellen Produktion. Zu den wichtigsten Richtungen dieser Umwälzungen, die, mehr oder weniger vollständig, in der gesellschaftswissenschaftlichen Literatur zugleich als die Hauptmerkmale der wissenschaftlich-technischen Revolution – genauer: ihrer naturwissenschaftlich-technischen Seite – charakterisiert werden, gehören vor allem

1. die Entwicklung und der Einsatz informationsverarbeitender Technik seit den siebziger Jahren zunehmend auf der Grundlage der Mikroelektronik. Vor allem wird hierdurch der Prozeß der Automatisierung, d. h. der Übergang zu sich selbst steuernden und regelnden Maschinensystemen gefördert.
Von großer Bedeutung ist in diesem Zusammenhang die Entwicklung der elektronischen Datenverarbeitung, verbunden mit einem sich schnell entwickelnden System peripherer Geräte (Lesegeräte, Ein- und Ausgabegeräte, Schnelldrucker, externe Speicher u. a.) sowie die Entwicklung von Programmsprachen, Programmunterlagen, deren Anteil an den Gesamtaufwendungen für den Einsatz der elektronischen Rechentechnik beständig gestiegen ist und heute über 50 Prozent beträgt;
2. der wachsende Einsatz künstlicher, in dieser physikalischen und chemischen Beschaffenheit in der Natur nicht vorkommender Werkstoffe und Werkstoffkombinationen, die dem jeweiligen Verwendungszweck optimal angepaßt sind. Damit wird zum erstenmal in der Geschichte der Produktivkräfte die Produktion von den unmittelbar durch die Natur vorgegebenen Eigenschaften der Werkstoffe befreit (bis in unser Jahrhundert hinein war die Zahl der Arbeitsgegenstände relativ gering – wenige Metalle, Stein, Holz, einige pflanzliche und tierische Erzeugnisse –, ihre Eigenschaften sind direkt von der Natur vorgegeben, sie werden durch den Menschen nur wenig, meistens nur in ihrer äußeren Beschaffenheit verändert).
3. Mit der zunehmenden Gewinnung von Elektroenergie aus Atom-

kraftwerken werden qualitativ neue, in der Perspektive (durch die friedliche Nutzung der Kernfusion) nahezu unerschöpfliche und billige Energiequellen erschlossen. Zugleich eröffnet der wissenschaftlich-technische Fortschritt neue Möglichkeiten der rationelleren Nutzung vorhandener Energiequellen und der effektiveren Nutzung der Energie. Seitdem hat sich die Mannigfaltigkeit der Energiequellen, vor allem ihrer künftigen Nutzungsmöglichkeiten, außerordentlich stark erhöht (Gezeitenkraftwerke, direkte Nutzung der Sonnenenergie, Nutzung der Erdwärme tieferer Schichten u. a.).

4. In steigendem Maße werden qualitativ neue, hocheffektive technologische Verfahren angewandt, die ihrerseits zu einem wichtigen Stimulus für die Entwicklung neuer Arbeitsmittel und Arbeitsgegenstände werden. Wachsende Bedeutung erlangten hier technologische Verfahren, die unter extremen Prozeßbedingungen (hohe Drücke und Vakua, extrem hohe und niedrige Temperaturen) realisiert werden; wobei gleichzeitig im zunehmenden Maße technologische Lösungen gefunden werden, die solche unter extremen Prozeßbedingungen ablaufenden Verfahren wiederum unter normalen Bedingungen realisierbar machen.

5. Größere Bedeutung erlangen technische und ökonomische Lösungen zur Kopplung von natürlichen und ökonomischen Kreisläufen, um eine solche Reproduktion der natürlichen Umwelt des Menschen zu gewährleisten, welche die Belastung der Luft, der Gewässer verringern und die Qualität der natürlichen Umwelt verbessern. Immer größeres Gewicht gewinnt auch die Herausbildung stabiler Kreisläufe von Arbeitsgegenständen, die keinem oder nur einem geringen Substanzverzehr unterliegen (z. B. durch die verstärkte Nutzung von Sekundärrohstoffen).

Selbstverständlich handelt es sich bei all diesen Entwicklungen um Tendenzen, deren Anfänge zum Teil recht weit zurückreichen. Synthetische Fasern beispielsweise wurden bereits in den dreißiger Jahren produziert, ihre Massenproduktion und -anwendung setzte jedoch erst in den 50er Jahren ein; so stieg die Weltproduktion von Plastwerkstoffen von 1,6 Mill. t im Jahre 1950 auf 14 Mill. t im Jahre 1965; der Anteil der Chemiefasern an Textilfasern stieg im Weltmaßstab von 14,8 Prozent im Jahre 1950 auf 26,3 Prozent im Jahre 1967.[2]

Noch deutlicher wird dies in der Entwicklung der Automatisierung sichtbar. Automaten hat es gegeben, solange produziert wird; in der gesellschaftswissenschaftlichen Literatur wird nicht zu Unrecht darauf hingewiesen, daß die von den Urmenschen gelegten Fallen die ersten Automaten gewesen waren. Einzelne, sich selbststeuernde und re-

[2] Wissenschaftlich-technischer Fortschritt und Effektivität der gesellschaftlichen Produktion, verfaßt von einem Autorenkollektiv unter Leitung von M. A. Wilenski, Moskau 1972, S. 254 und 277 (russ.).

gelnde technische Einrichtungen hat es in der Produktion eigentlich immer gegeben. Dennoch ist erkennbar, daß mit den 50er Jahren ein deutlicher Trend zur Automatisierung der Produktion einsetzt. Welche Veränderungen hier in einer relativ kurzen Zeit eintreten können, beweist die Entwicklung des Automatisierungsgrades der Arbeit in der Industrie der DDR, der sich von etwa 8 Prozent im Jahre 1970 auf 15 Prozent im Jahre 1980 erhöhte; in der gleichen Zeit stieg der Automatisierungsgrad der Ausrüstungen (Wert der automatisierten Ausrüstung am Gesamtwert der klassifizierbaren Ausrüstung) von 33 auf 49 Prozent.[3]

Natürlich wird niemand bestimmte Ziffern, welche die Entwicklung einzelner Richtungen der wissenschaftlich-technischen Revolution belegen, als Maßstab für den Fortschritt der wissenschaftlich-technischen Revolution insgesamt nehmen. Das ist auch deswegen nicht möglich, weil der Fortgang der wissenschaftlich-technischen Revolution beispielsweise im zunehmenden Maße durch die qualitativen Veränderungen der Automatisierungstechnik selbst charakterisiert wird und nicht nur durch die Veränderung der Automatisierungsgrade der Arbeit oder der Ausrüstungen.

Deutlich wird aber auch, daß wir den Gesamtfortschritt der wissenschaftlich-technischen Revolution danach zu beurteilen haben, welche ihrer Richtungen wir besonders hervorheben. Der Automatisierungsgrad der Ausrüstungen ist wesentlich größer als beispielsweise der Anteil der Atomenergie an der Gewinnung von Elektroenergie. Noch geringer müßten wir den Fortschritt der wissenschaftlich-technischen Revolution veranschlagen, wenn wir die Veränderung der technologischen Verfahren, die Ablösung der mechanischen durch nichtmechanische Verfahren zum wichtigsten Kriterium der wissenschaftlich-technischen Revolution erheben. Nicht nur, daß die mechanischen Verfahren z. B. der Metallbearbeitung heute noch weit überwiegen, es ist auch, wie an anderer Stelle ausgeführt wurde, nicht abzusehen, daß sie in den kommenden Jahrzehnten wesentlich durch nichtmechanische Verfahren abgelöst werden könnten.

Nehmen wir die Fortschritte in der qualitativen Veränderung der Arbeitsmittel (vor allem die Automatisierung), der Veränderung der Werkstoffstruktur insgesamt und der technologischen Verfahren, so

[3] Jürgen Kuczynski setzt das erreichte Niveau der Automatisierung viel zu niedrig an, wenn er schreibt: „Unser Statistisches Jahrbuch für 1976 meldet z. B. für die zentralgeleitete metallverarbeitende Industrie, Bereich Elektrotechnik/Elektronik/Gerätebau, daß von der gesamten Fertigungszeit nur 2,8 Prozent auf automatische Fließfertigung entfallen. *Mit Massenauswirkungen der Automatisierung hat es also noch lange Zeit.*" (Berliner Zeitung vom 9./10. Juli 1977, S. 9 – Hervorhebung: H. N.). Die automatisierte Fließfertigung macht nur einen Bruchteil der automatisierten Produktion aus.

ergibt sich auf jeden Fall, daß die wissenschaftlich-technische Revolution sich keineswegs so sehr am Anfang befindet, wie es oft behauptet wird. Nach weitgehend übereinstimmender Meinung ist die wissenschaftlich-technische Revolution mindestens zwei Jahrzehnte alt. Es sind nicht nur ihre Konturen und Hauptrichtungen heute deutlich zu übersehen, sondern annähernd auch die Richtungen ihrer Entwicklung in der Zukunft; sie hat die Produktion, die materiell-technische Basis der Gesellschaft im zunehmenden Maße spürbar verändert. Über eines kann es überhaupt keinen Zweifel geben: Das Tempo dieser Veränderungen wird in der Zukunft nicht geringer sein als in den letzten beiden Jahrzehnten.

Einer der augenscheinlichsten Belege für die Tatsache, daß der Prozeß der wissenschaftlich-technischen Revolution sich nicht mehr am Anfang befindet, ist ohne Zweifel der in der gesellschaftswissenschaftlichen Literatur immer häufiger anzutreffende Versuch, den Fortgang der wissenschaftlich-technischen Revolution zu periodisieren, deren Etappen zu bestimmen, und natürlich auch darüber etwas auszusagen, in welcher Entwicklungsetappe wir uns gegenwärtig befinden. Es gibt zu den Kriterien der Periodisierung der wissenschaftlich-technischen Revolution recht verschiedene Auffassungen, von denen im folgenden einige wichtige aufgeführt werden sollen.

2. Die Entwicklungsetappen der Wissenschaft, ihrer Wirkungsformen und ihr Einfluß auf die Periodisierung der wissenschaftlich-technischen Revolution

Diese Auffassung wurde vor allem von Radovan Richta in seinem Beitrag auf dem VIII. Weltkongreß für Soziologie (1972) begründet. Radovan Richta geht davon aus, daß die Verbindung der wissenschaftlichen Revolution mit der technischen Revolution das wesentlichste Merkmal der gegenwärtigen wissenschaftlich-technischen Revolution ist, daß folglich auch die Art und Weise, wie sich die Wissenschaft als Produktivkraft entfaltet, wie sie auf die gesellschaftlichen Entwicklungsprozesse wirkt, zum Kriterium für die Periodisierung der wissenschaftlich-technischen Revolution erhoben werden muß. Er unterscheidet zwei Etappen: *In der ersten Etappe* vergegenständliche sich die Wissenschaft vor allem in Technik, Technologie und Organisation. Für diese Etappe sei die Trennung von Arbeit und Wissenschaft charakteristisch; deren besonderer Träger sei die wissenschaftlich-technische Intelligenz. Es ist gewissermaßen eine Fortsetzung des Prozesses, der mit dem Übergang zur Manufaktur und zur maschinellen Großproduktion eingeleitet worden ist und den Marx ausführlich charakterisiert hat: „Die geistigen Potenzen der Produktion erweitern ihren Maßstab auf der einen Seite, weil sie auf vielen Seiten verschwinden. Was die Teilarbeiter verlieren, konzentriert sich ihnen gegenüber im Kapital. Es ist ein Produkt der manufakturmäßigen Teilung der Arbeit, ihnen die geistigen Potenzen des materiellen Produktionsprozesses als fremdes Eigentum und sie beherrschende Macht gegenüberzustellen. Dieser Scheidungsprozeß beginnt in der einfachen Kooperation, wo der Kapitalist den einzelnen Arbeitern gegenüber die Einheit und den Willen des gesellschaftlichen Arbeitskörpers vertritt. Er entwickelt sich in der Manufaktur, die den Arbeiter zum Teilarbeiter verstümmelt. Er vollendet sich in der großen Industrie, welche die Wissenschaft als selbständige Produktionspotenz von der Arbeit trennt und in den Dienst des Kapitals preßt."[4]

Die *zweite Entwicklungsetappe* der wissenschaftlich-technischen Revolution sei charakterisiert durch die Verbindung der Wissenschaft mit der produktiven Tätigkeit, der Arbeitstätigkeit der Menschen. Die Wissenschaft wirke hier nicht mehr nur über die Technik, Technologie und Organisation auf die Produktivität ein, sondern vor allem über das Wissen, die Qualifikation der Produzenten. Richta bezeichnet dies als die „volle Entfaltung der wissenschaftlich-technischen Revolution". Diese Entwicklungsetappe der wissenschaftlich-technischen Revolution sei untrennbar mit der Herausbildung und Vervollkommnung der materiell-technischen Basis des Kommunismus verbunden, mit kapitalistischen Produktionsverhältnissen unvereinbar. Gegenwärtig befänden wir uns noch in der ersten Etappe der wissenschaftlich-technischen Revolution.

3. Die fortschreitende Übertragung menschlicher Arbeitsfunktionen auf die Arbeitsmittel als Grundlage der Periodisierung der wissenschaftlich-technischen Revolution

S. Smirnov unterscheidet drei Etappen der wissenschaftlich-technischen Revolution, wobei er von der fortschreitenden Übertragung grundlegender Arbeitsfunktionen des Menschen an die Arbeitsmittel ausgeht.[4a]

Die erste Etappe der wissenschaftlich-technischen Revolution bezeichnet Smirnov als Automatisierung; sie bewirke die Lösung des Widerspruchs zwischen der vom Menschen zu verarbeitenden Informationsmenge (Geschwindigkeit, Präzision der Informationsverarbei-

[4] Karl Marx, Das Kapital. Erster Band, in: MEW, Bd. 23, a.a.O., S. 382.
[4a] S. Smirnov, Die wissenschaftlich-technische Revolution, Sowjetwissenschaft. Gesellschaftsw. Beiträge, 5/1975.

tung) und der zunehmenden Kompliziertheit der Technik unter den Bedingungen der mechanisierten Produktion, so daß die Funktion der Informationsverarbeitung für Zwecke der Steuerung und Regelung den Arbeitsmitteln direkt übertragen werden müsse.

Die Automatisierung selber bringe einen neuen Widerspruch hervor und zwar den zwischen den beschränkten Möglichkeiten des Menschen in seiner Funktion als „lebender Informations- und Steuerungsautomat" einerseits und dem Erfordernis der Schaffung anpassungsfähiger Steuerungssysteme andererseits. Smirnov versteht hier unter einem Automaten einen selbsttätig ablaufenden determinierten Steuerungsvorgang, d. h. starr programmierte automatisierte Maschinen, die das einmal vorgegebene Programm einfach abarbeiten. Mit komplizierter werdender Technik nehme der notwendige Rechenaufwand für die Programmierung solcher determinierten Automaten astronomische Dimensionen an. Vor allem sei diese Art von Automaten nicht in der Lage, sich neuen Bedingungen während des Produktionsprozesses selbst anzupassen, was objektiv zu einer neuen Entwicklungsetappe der Arbeitsmittel und damit der wissenschaftlich-technischen Revolution führen müsse, nämlich zur Kybernetisierung der Produktion.

Kybernetische Maschinen seien sich selbst einrichtende, selbst organisierende, lernende, sich selbst programmierende Automaten. Sie ermöglichen die Kontrolle und Steuerung hochautomatisierter Systeme mit stochastischem Verhalten.

Die Kybernetisierung der Produktion bringe selbst wiederum neue Widersprüche – nämlich zwischen der Möglichkeit und der Notwendigkeit selbständiger Umgestaltung des Arbeitsmittels – hervor. Es ergebe sich eine Diskrepanz zwischen der Notwendigkeit der weiteren Vervollkommnung kybernetischer Produktion durch die Anwendung von Prinzipien der Selbstorganisation einerseits und dem Fehlen einer entsprechenden Flexibilität dieser Produktionsanlagen andererseits. Dieser Widerspruch mache die Hauptrichtung der weiteren Entwicklung der Produktivkräfte unter den Bedingungen der wissenschaftlich-technischen Revolution deutlich; er bedinge die Biologisierung der gesamten Produktionstechnik. Dies bedeute eine weitere, die dritte Entwicklungsetappe der Arbeitsmittel unter den Bedingungen der wissenschaftlich-technischen Revolution, die Bionisierung. Der Prozeß der Verlagerung der vom Menschen in der Produktion geleisteten geistigen Arbeit auf die Automaten werde damit abgeschlossen, so daß die unmittelbare Produktion dann faktisch ohne unmittelbares Mitwirken des Menschen abläuft.

4. Die Stadien des Zyklus Wissenschaft – Technik – Produktion als Ausgangspunkt für die Periodisierung der wissenschaftlich-technischen Revolution

Entsprechend den drei Stadien des Zyklus Wissenschaft–Technik–Produktion werden drei historische Entwicklungsetappen der wissenschaftlich-technischen Revolution unterschieden: „Gegenwärtig wird immer offensichtlicher, daß sich die wissenschaftlich-technische Revolution in bestimmten Etappen entfaltet. So war der seit Beginn der wissenschaftlich-technischen Revolution abgelaufene Zeitraum von 15–20 Jahren im Grunde die Etappe der Formierung ihres wissenschaftlichen Kerns, also des fundamentalen Potentials der modernen Naturwissenschaft.

Ein beträchtlicher Umfang der in diesem Zeitraum geschaffenen theoretischen Grundlagen wird gegenwärtig in der sozialistischen Gesellschaft mehrfach genutzt, und zwar als Bedingung für den weiteren Aufschwung der Wissenschaft, als Information für die allseitige Entwicklung der Persönlichkeit und als geistige Voraussetzung für die Intensivierung der materiellen Produktion. Diese theoretische Basis enthält mögliche Elemente der ökonomischen Einheit zwischen den Errungenschaften der wissenschaftlich-technischen Revolution und den Vorzügen des Sozialismus.

Gegenwärtig ist die wissenschaftlich-technische Revolution offensichtlich in die zweite Etappe ihrer Entwicklung getreten, deren wichtigster Teil in den bevorstehenden Fünfzehnjahresabschnitt fallen wird (1976 bis 1990). Man könnte ihn vielleicht am besten als Etappe der angewandten Entwicklung und experimentellen Einführung fundamentaler Errungenschaften der Naturwissenschaften, als Etappe der Schaffung der wissenschaftlich-technischen Voraussetzungen für die darauf folgende allumfassende Umrüstung der Produktion auf der Grundlage neuer technologischer Prinzipien bezeichnen.

... in der dritten Etappe werden alle Ergebnisse der wissenschaftlich-technischen Revolution in die Produktion und das Leben der Gesellschaft überführt werden, und zwar unter solchen Bedingungen, wo die Möglichkeiten ihrer rationellsten Nutzung stark ansteigen."[5]

Es soll hier nicht versucht werden, diese verschiedenen Kriterien der Periodisierung der wissenschaftlich-technischen Revolution näher zu kommentieren, sie gegeneinander abzuwägen. Wichtig scheint nur, daß der Fortgang der wissenschaftlich-technischen Revolution ohne Zweifel die Einheit zweier grundlegender Prozesse sein wird: einerseits der Höherentwicklung der Technik in allen diesen Haupt-

[5] Autorenkollektiv, Die wissenschaftlich-technische Revolution und die Vorzüge des Sozialismus, Berlin 1977, S. 43/44.

richtungen der wissenschaftlich-technischen Revolution, insbesondere der Arbeitsmittel; andererseits einer zunehmenden Wirkung grundlegender technischer Veränderungen auf die technologische Produktionsweise insgesamt und damit auf die Höherentwicklung des gesamten Systems der Produktivkräfte. Bei einem solchen Herangehen wird sich zeigen, daß die verschiedenen vorgeschlagenen Kriterien für die Periodisierung der wissenschaftlich-technischen Revolution ausnahmslos wichtige Aspekte dieses Prozesses charakterisieren, so daß ein kritischer Vergleich dieser Kriterien gar nicht so wichtig scheinen mag.

Bei den häufig angestellten Vergleichen zwischen der wissenschaftlich-technischen Revolution der Gegenwart und der industriellen Revolution des 18. Jahrhunderts entgeht uns eigentlich meistens der Umstand, daß beide Begriffe nicht den gleichen Umfang haben. Wie Schuchardin nachwies, vollzog sich sowohl in der industriellen Revolution wie in der gegenwärtigen wissenschaftlich-technischen Revolution ein Prozeß der Veränderung der technologischen Produktionsweise, der schließlichen Umwälzung der gesamten materiell-technischen Basis der Gesellschaft und der Herausbildung eines qualitativ neuen Gesamtsystems der Produktivkräfte, ausgehend von fundamentalen Veränderungen in der Technik, insbesondere der Produktionsinstrumente. Diese Umwälzungen seien, wie bereits an anderer Stelle dargelegt, durch die Einheit, die Aufeinanderfolge von technischer Revolution und Produktionsrevolution charakterisiert. Während nun einerseits im Begriff „industrielle Revolution" gewissermaßen die Produktionsrevolution hervorgehoben und die technische Revolution dagegen vernachlässigt wird, so verhält es sich mit dem Begriff „wissenschaftlich-technische Revolution" genau umgekehrt: Es wird hier das Moment der technischen Revolution genannt, nicht aber das der eigentlichen revolutionären Veränderung in der Gesamtheit der technologischen Produktionsweise, der materiell-technischen Basis und schließlich der Produktivkräfte.

J. D. Bernal, dem wir den Begriff „wissenschaftlich-technische Revolution" verdanken, hat nicht nur ihre Wirkung auf die Gesamtheit der technologischen Produktionsweise hervorgehoben, sondern an anderer Stelle wiederholt den Begriff „wissenschaftlich-industrielle Revolution" verwendet. „... die wissenschaftlich-technische Revolution ... unterscheidet sich von der ursprünglichen industriellen Revolution durch die viel größere Rolle, die die Wissenschaft in ihr spielt. Sie ist durch das Erscheinen der Atomenergie und der Automatisierung in der Industrie gekennzeichnet und ist von gleicher, wenn nicht von größerer absoluter Bedeutung als ihre Vorgängerin, da sie nicht nur in der Fertigung und im Verkehrswesen, sondern in jeder Form der menschlichen Tätigkeit die ganze Produktionsweise verändert."[6]

[6] J. D. Bernal, Welt ohne Krieg, Berlin 1960, S. 232.

Die mit der Automatisierung verbundene Umwälzung werde „bisweilen als neue industrielle Revolution bezeichnet. Aber ich würde es vorziehen, sie ‚wissenschaftliche industrielle Revolution' zu nennen, denn ihr Hauptmerkmal ist der Übergang von der technischen Tradition zur wissenschaftlichen Analyse, wofür die beiden großen Fortschritte dieses Jahrhunderts, die Atomenergie und die Automatisierung, Beispiele sind."[7]

Der Begriff der wissenschaftlich-technischen Revolution legt den Gedanken nahe, daß es sich hier um eine Gesamtheit wesentlicher qualitativer Veränderungen in der Technik, um eine technische Revolution im Sinne der Definition von Schuchardin handelt. Hieraus folgt, daß die Einbeziehung der Veränderung in der technologischen *Produktionsweise*, im Gesamtsystem der Produktivkräfte als eine vom üblichen Verständnis der wissenschaftlich-technischen Revolution sich unterscheidende, ihr Wesen umfassender und tiefer charakterisierende Definition verstanden wird. Dies erfolgt mitunter direkt in einer kritischen Distanzierung von zu engen Auffassungen von der wissenschaftlich-technischen Revolution, ihrer angeblichen Reduzierung auf die grundlegenden Entwicklungsrichtungen der Arbeitsmittel, Arbeitsgegenstände und technologischen Verfahren. „Die wissenschaftlich-technische Revolution bedeutet nicht nur die Nutzung neuer Energiequellen, neuer Materialien, elektronischer Rechenmaschinen sowie die komplexe Automatisierung der Produktion einschließlich ihrer Leistung, *sondern auch eine Umwälzung der gesamten technischen Basis, der gesamten Technologie der Produktion, angefangen beim Einsatz neuer Materialien und Energiequellen bis hin zu einem System von Maschinen, Organisations- und Leitungsformen sowie dem Verhältnis des Menschen zum Produktionsprozeß.* Die wissenschaftlich-technische Revolution schafft die Voraussetzung, um eine Reihe wichtiger Bereiche der menschlichen Tätigkeit zu einem einheitlichen System zusammenzufassen; dazu gehören: die Erkenntnis der objektiven Gesetzmäßigkeiten der Wirklichkeit (Wissenschaft), deren Anwendung für die Schaffung eines Komplexes technischer Mittel wie die Sammlung von Erfahrungen im Prozeß der Umgestaltung der Natur mittels der Technik (Technikkonstruktion), der Prozeß der Schaffung materieller Güter (Produktion), wie der Entwurf von Verfahren des rationellen Zusammenführens zweckmäßiger praktischer Handlungen im Produktionsprozeß (Leitung)."[8] Und an anderer Stelle: „Die wissenschaftlich-technische Revolution ist also eine *grundlegende qualitative Umgestaltung der Produktivkräfte, die sich im Ergebnis des Verschmelzens der wissenschaftlichen und der technischen Revolution zu einem einheitlichen Ganzen und der Um-*

[7] Ebenda, S. 72/73.
[8] Mensch – Wissenschaft – Produktion, a.a.O., S. 30.

wandlung der Wissenschaft in eine unmittelbare Produktivkraft vollzieht. Die wissenschaftlich-technische Revolution verändert den gesamten Charakter der gesellschaftlichen Produktion, die Struktur der Produktivkräfte, die gesellschaftliche Arbeitsteilung und beeinflußt die Sozialstruktur der Gesellschaft. Unter dem Einfluß der wissenschaftlich-technischen Revolution kommt es zur Veränderung in den Bedingungen, im Charakter und Inhalt der Arbeit. Sie wirkt sich auf alle Sphären des gesellschaftlichen Lebens aus, eingeschlossen Lebensweise, Kultur und Psychologie der Menschen, auf die Wechselwirkung der Gesellschaft mit der Natur. Sie löst verschiedene sozialökonomische Prozesse aus, deren Charakter von der herrschenden sozialökonomischen und politischen Ordnung geprägt ist."[9]

Wenn es um die Gesamtwirkung der industriellen bzw. der wissenschaftlich-technischen Revolution geht, ist eine solche Charakterisierung des Inhalts der wissenschaftlich-technischen Revolution unerläßlich. Deren Bestimmung als gesellschaftlicher Entwicklungsprozeß ist nicht anders möglich als eben durch die Charakterisierung ihrer Wirkung auf das Gesamtsystem der materiell-technischen Basis, der Produktivkräfte der Gesellschaft. Nichtsdestoweniger erscheint die Heraushebung des Ausgangspunktes, des „Kernprozesses" der wissenschaftlich-technischen Revolution – dessen also, was als technische Revolution im engeren Sinne zu verstehen ist – für das Verständnis der wissenschaftlich-technischen Revolution als in logischer und historischer Hinsicht außerordentlich wichtig und unerläßlich. Der Vorwurf, der gegen solche Definitionen der wissenschaftlich-technischen Revolution *im engeren Sinne* erhoben wird, daß sie nämlich überhaupt den Prozeß der wissenschaftlich-technischen Revolution zu eng faßten, ist im allgemeinen voreilig und nicht berechtigt. Bei genauerem Hinsehen wird sich finden, daß die Autoren solcher Definitionen der wissenschaftlich-technischen Revolution im engeren Sinne keineswegs hierbei stehenbleiben, daß sie diesen Ausgangspunkt vielmehr gerade deshalb hervorheben, um den realen Prozeß der *Entfaltung* der wissenschaftlich-technischen Revolution, ihrer Wirkungen auf die gesamte materiell-technische Basis, die gesamte technologische Produktionsweise und das ganze System der Produktivkräfte zu begründen. Dagegen wird bei sehr „schnellem" Übergang zur Definition der wissenschaftlich-technischen Revolution im weiteren Sinne, die die qualitativen Veränderungen in der materiell-technischen Basis der Gesellschaft und im Gesamtsystem der Produktivkräfte einschließt, der entscheidende Ausgangspunkt der gegenwärtigen wissenschaftlich-technischen Revolution im allgemeinen nicht sichtbar. Die sorgfältige Analyse der qualitativen Veränderung in der Technik, der Prozesse der wissenschaftlich-technischen Revolution im engeren Sinne, ist der

[9] Ebenda, S. 33.

wichtigste Ausgangspunkt, die entscheidende Voraussetzung für ein tiefes Verständnis der wissenschaftlich-technischen Revolution, für die Höherentwicklung der Produktivkräfte insgesamt.

4.1. *Zum Verständnis der Dialektik zwischen lebendiger und vergegenständlicher Arbeit – Voraussetzung zur Bewältigung der Anforderungen der wissenschaftlich-technischen Revolution*

Am deutlichsten äußert sich diese Abwertung der Rolle der Veränderungen in der Technik in der Gegenüberstellung dieser Veränderungen mit den damit zusammenhängenden Veränderungen in der Stellung des Menschen in der Produktion. Es wird etwa so formuliert, daß diese neue Funktion des Menschen in der Produktion und nicht die Veränderungen der Arbeitsmittel das eigentliche Wesensmerkmal der wissenschaftlich-technischen Revolution sei.

Selbstverständlich kulminiert der Gesamtprozeß der wissenschaftlich-technischen Revolution in einer höheren Stufe der Herrschaft des Menschen über die Natur und auch über die von ihm selbst geschaffene „zweite Natur", aber die entscheidende materielle Grundlage, das Bestimmende dieses Prozesses ist die Höherentwicklung der Technik, vor allem der Arbeitsmittel. Charakteristisch für solche undialektischen Gegenüberstellungen der Entwicklung der Technik und des Menschen ist, daß die Bedeutung der Veränderungen der materiell-gegenständlichen Elemente der Produktivkräfte für den Gesamtfortschritt der Produktivkräfte nicht gründlich genug untersucht und in diesem Punkte der Marxschen Methodologie der Analyse der Entwicklung der Produktivkräfte, letztlich auch ihres Zusammenhangs mit der Veränderung der Produktionsweise insgesamt, nicht gefolgt wird. Es ist keineswegs zufällig, daß Marx der Analyse des Maschinensystems, der Übergänge von der Manufaktur zur Maschinerie, der inneren Gliederung dieses Maschinensystems eine so große Aufmerksamkeit geschenkt hat. Die Veränderungen der Stellung des Menschen in der Produktion, wie sie die gegenwärtige wissenschaftlich-technische Revolution bewirkt, sind eindeutig nicht „vom Menschen her", sondern von den revolutionären Veränderungen in der Technik, in den gegenständlichen Elementen der Produktivkräfte zu erklären. „Die Arbeitsmittel sind ... Gradmesser der Entwicklung der menschlichen Arbeitskraft."[10]

Abwertungen der Rolle der Arbeitsmittel in der Entwicklung der Produktivkräfte, die Leugnung ihres bestimmenden Einflusses auf die Entwicklung der Produktivkräfte, werden häufig aus der Tatsache ab-

[10] Karl Marx, Das Kapital. Erster Band, in: MEW, Bd. 23, a.a.O., S. 195.

geleitet, daß der Mensch die wichtigste Produktivkraft ist. „Die Produktionsinstrumente können jedoch nicht als das bestimmende Element der Produktivkräfte schlechthin angesehen werden. Die bestimmende Rolle im Gesamtsystem der Produktivkräfte vermag nur der produktiv tätige Mensch zu spielen, wie auch die Klassiker eindeutig konstatierten. ... Wenn Marx sagt, daß die Technologie das aktive Verhalten des Menschen, den unmittelbaren Produktionsprozeß seines Lebens enthüllt"[11], so könne das nicht als Stütze für die Auffassung gelten, die Produktionsinstrumente seien die bestimmende Seite des Produktivkräftesystems. „Auch aus der an gleicher Stelle getroffenen Bezeichnung der Arbeitsmittel als *Gradmesser* für die verschiedenen Entwicklungsstufen der Arbeitskraft kann man nicht folgern, daß diese wichtiger sind als die schöpferische menschliche Arbeit selbst."[12] Die Autoren wenden sich ausdrücklich gegen die Auffassung von Marachov u. a., denen zufolge einerseits der Mensch die wichtigste Produktivkraft ist, den Produktionsinstrumenten andererseits die bestimmende Rolle im System der Produktivkräfte zukomme und die dies zwar für einen dialektischen, keineswegs aber für einen logischen Widerspruch halten.

Alle wesentlichen Äußerungen von Marx über die Rolle der Produktionsinstrumente in der Auseinandersetzung zwischen Mensch und Natur werden von Eichhorn, Bauer und Koch nicht im Sinne Marxscher Darlegung über die *Wirkung* der Produktionsinstrumente interpretiert, sondern im Sinne einer *Anzeigefunktion* der Arbeitsmittel, die über den erreichten Entwicklungsstand der Produktivkräfte Auskunft geben. Sie sagen, daß Marx die Rolle der Arbeitsmittel nur deshalb hervorgehoben habe, weil sich die jeweilige Entwicklungsstufe der Produktivkräfte „vor allem in den Produktionsinstrumenten, auf markante, gegenständlich faßbare, meßbare Weise niederschlägt."[13] Auch die Marxsche Feststellung, daß die Handmühle eine Gesellschaft mit Feudalherren, die Dampfmühle eine Gesellschaft mit industriellen Kapitalisten ergibt, bedeute nicht, „daß die Handmühle und Dampfmühle buchstäblich den Feudalismus und den Kapitalismus erzeugen, vielmehr sind diese Produktionsinstrumente lediglich als charakteristischer Ausdruck, als gegenständliche Quintessenz, als kennzeichnender Bestandteil des jeweiligen Gesamtsystems der Produktivkräfte gefaßt".[14]

Aus der materialistischen Geschichtsauffassung folgt aber doch, daß in den Wechselwirkungen zwischen den objektiven Elementen der Produktivkräfte (ihren sachlich-gegenständlichen Elementen, vor al-

[11] Ebenda, S. 393.

[12] Wolfgang Eichhorn I, Adolf Bauer, Gisela Koch, Die Dialektik von Produktivkräften und Produktionsverhältnissen, Berlin 1975, S. 20/21.

[13] Ebenda, S. 21.

[14] Ebenda, S. 21.

lem den Produktionsinstrumenten) und dem subjektiven Element der Produktivkräfte (dem Menschen) den objektiven Elementen die bestimmende Rolle zukommt. Ein konsequent materialistisches Herangehen würde auch die reale Dialektik in den Beziehungen zwischen den subjektiven und den objektiven Elementen der Produktivkräfte sichtbar machen, vor allem auch die wirkliche Rolle des Menschen als dem zwecksetzenden, einzig schöpferischen Element der Produktion. Dieser Dialektik in den Beziehungen zwischen dem Menschen und den Arbeitsmitteln ist natürlich schwer auf die Spur zu kommen, wenn man sie, wie Eichhorn, Bauer und Koch dies tun, auf die Dimension „Wichtigkeit" reduziert, d. h. von der von vornherein undialektischen Fragestellung ausgeht, was wohl wichtiger für die Höherentwicklung der Produktivkräfte sei, der Mensch oder das Arbeitsmittel. Wenn man die komplizierten, differenzierten Aspekte und Bestimmungen verschiedener Seiten eines dialektischen Widerspruchs auf eine Eigenschaft, ein Kriterium reduziert, nämlich das der Wichtigkeit, dann bleibt natürlich nur die Möglichkeit der Unterscheidung von weniger oder mehr Wichtigem. Diese Unterscheidung ist rein quantitativ. Bei einer solch mechanischen Charakterisierung der Beziehung zwischen dem sachlichen (gegenständlichen) und dem subjektiven Faktor der Entwicklung der Produktivkräfte ergibt sich natürlich, daß entweder die zunehmende Rolle der sachlichen Faktoren zu einer abnehmenden Rolle der lebendigen Arbeit führt (was viele bürgerliche Ideologen behaupten) oder aber umgekehrt: die wachsende Rolle des subjektiven Faktors in der Produktion muß als eine entsprechend abnehmende Wichtigkeit der objektiven, der gegenständlichen Faktoren verstanden werden. Damit kann die Dialektik zwischen lebendiger und vergegenständlichter Arbeit unter den Bedingungen der wissenschaftlich-technischen Revolution nicht erfaßt werden.

Die zunehmende Objektivierung der Produktions- und Leitungsprozesse in dem Sinne, daß das direkte Resultat des Produktionsprozesses (Gebrauchswertmenge je Zeiteinheit, Gebrauchseigenschaften der Erzeugnisse, Aufwand je Erzeugnis) mehr und mehr unmittelbar durch die technisch-ökonomischen Parameter der Produktionsanlagen bestimmt wird, haben viele bürgerliche Ideologen zu der These veranlaßt, daß die lebendige Arbeit in ihrer Bedeutung immer mehr hinter die vergegenständlichte zurücktrete. Die Erfahrung lehrt, daß das direkte Gegenteil der Fall ist: Alles, was mit der lebendigen Arbeit zusammenhängt, gewinnt für das Produktionsresultat in ganz unmittelbarem Sinne wachsende Bedeutung – Qualifikation, Fertigkeiten (auch manuelle Fertigkeiten), geistige Beweglichkeit und vor allem Verantwortungsbewußtsein. Dies alles aber realisiert sich weniger unmittelbar in den Ergebnissen der Produktion, wirkt mehr und mehr vermittelt über die Beschaffenheit der vom Menschen geschaffenen technischen Mittel, ihre zeitliche Ausnutzung, ihre Wartung und so fort. Der Einfluß der lebendigen Arbeit auf das Produktionsresultat wird größer, aber weniger mittelbar wirksam. Dies bedeutet, daß die wachsende direkte Beeinflussung der Produktionsresultate durch die Beschaffenheit der Arbeitsmittel und technologischen Verfahren durchaus einhergeht mit der wachsenden Bedeutung des subjektiven Faktors. Die Tatsache, daß mit dem Fortgang der wissenschaftlich-technischen Revolution die Wissenschaft in zunehmendem Maße nicht nur über ihre Vergegenständlichung in der Technik, sondern in der Bildung und Qualifikation der Werktätigen wirksam wird, resultiert wesentlich aus Veränderungen im Typ der Arbeitsmittel.

Diese Dialektik ist natürlich nicht einzufangen, indem entweder den Produktionsinstrumenten oder der menschlichen Arbeit das Prädikat „wichtiger als das andere" zuerkannt wird. Die lebendige Arbeit ist und bleibt das „belebende Feuer der Produktion" (Marx); sie ist der einzige Ausgangspunkt jeglicher Veränderung in der Produktion, im gesellschaftlichen Lebensprozeß überhaupt, sie ist die einzige Quelle der Bewegung des Produktionsprozesses. Produktivkräfte sind immer Produktivkräfte menschlicher Arbeit. An diesen grundlegenden Bestimmungen wird auch der technische Fortschritt nichts ändern; wie kompliziert die Arbeitsmittel auch sein mögen, sie sind immer *Mittel* der lebendigen Arbeit, von ihr geschaffen und von ihr dirigiert, menschlichen, d. h. gesellschaftlichen und sozialen Zwecken untergeordnet. Deshalb scheint die in der marxistisch-leninistischen Literatur häufig anzutreffende These, wonach der Mensch die Hauptproduktivkraft, die Produktionsinstrumente dagegen die bestimmenden Elemente im System der Produktivkräfte darstellen, die wirkliche Dialektik in der Entwicklung der Produktivkräfte viel genauer zu treffen als die Behauptung, daß die Arbeitsmittel „weniger wichtig" als die lebendige Arbeit, daß die Arbeitsmittel lediglich „Anzeiger" des Entwicklungsstandes der Produktivkraft menschlicher Arbeit seien.

Unsere praktischen Erfahrungen bestätigen, daß der ökonomische Fortschritt in zunehmendem Maße davon abhängt, wie fruchtbar die Wechselwirkungen zwischen dem Menschen als der Hauptproduktivkraft und der Technik als dem revolutionärsten Element der Produktivkräfte, zwischen geistigem und technischem Fortschritt ist. Denn es kann keinem Zweifel unterliegen, daß Niveau und Entwicklung der Produktivkraft menschlicher Arbeit zunehmend unmittelbarer durch die qualitative Beschaffenheit der vom Menschen hervorgebrachten und eingesetzten Technik bestimmt werden, daß andererseits die wichtigste Quelle des technischen Fortschritts der geistige Fortschritt, namentlich der Fortschritt der Wissenschaft, ist.

Die Unerschöpflichkeit der aus dem technischen Fortschritt resultierenden Effektivitätsquellen, die Unbegrenztheit des technischen Fortschritts haben somit ihre Grundlage in der Unbegrenztheit menschlichen Erkenntnisvermögens.

Aus all dem folgt, daß eine Definition der wissenschaftlich-technischen Revolution, die gewissermaßen vor allem ihr Resultat, nicht aber auch ihre entscheidenden Ausgangspunkte – die qualitativen Veränderungen in der Technik – nennt, der komplizierten Struktur dieses Prozesses nicht gerecht wird. Analog dem realen Wirkungsmechanismus der wissenschaftlich-technischen Revolution brauchen wir eine „abgestufte" Definition der wissenschaftlich-technischen Revolution im engeren und im weiteren Sinne.

Die wissenschaftlich-technische Revolution im engeren Sinne ist die Gesamtheit der revolutionären Veränderungen der materiell-gegenständlichen Elemente der Produktivkräfte, *hervorgerufen durch objektiv herangereifte Widersprüche in der Auseinandersetzung zwischen Mensch und Natur und verwirklicht im Prozeß der Verwandlung der Wissenschaft in eine unmittelbare Produktivkraft, der Verwandlung der Produktion in angewandte Wissenschaft.* **Im weiteren Sinne ist die wissenschaftlich-technische Revolution** *der Prozeß der allmählichen Herausbildung einer neuen technologischen Produktionsweise, eines neuen Typs der Technik, einer neuen materiell-technischen Basis und* **letztlich die materielle Grundlage für die Herausbildung eines neuen Systems der Produktivkräfte.**

Die erste Definition entspricht etwa dem, was unter technischer Revolution im eigentlichen Sinne verstanden wird, die zweite dem, was unter „Produktionsrevolution", die im Gefolge der wissenschaftlich-technischen Revolution der Gegenwart eintritt, zu verstehen ist. Die Veränderungen im sozialen und ökonomischen Bereich, die durch die revolutionären Veränderungen der gegenständlichen Elemente der Produktivkräfte bewirkt werden, gehören im strengen Sinne des Wortes eigentlich nicht zur technischen Revolution, sondern sind deren *Wirkungen.* Daß wir die allgemeinen Merkmale und Richtungen dieser ökonomischen und sozialen Veränderungen zur wissenschaftlich-technischen Revolution im weiteren Sinne zählen[15], ist einfach

[15] In dem angeführten Buch „Mensch – Wissenschaft – Technik" wird gleichfalls die wissenschaftlich-technische Revolution im engeren Sinne als Gesamtheit der revolutionären Veränderungen in Naturwissenschaft und Technik charakterisiert; die wissenschaftlich-technische Revolution im weiteren Sinne schließt die ökonomischen und sozialen Veränderungen und Faktoren ein, die im Ergebnis der Revolution in Naturwissenschaft und Technik eintreten. Demzufolge werden drei Hauptaspekte der wissenschaftlich-technischen Revolution unterschieden: 1. der naturwissenschaftliche und technische, 2. der sozial-ökonomische (und soziologische), 3. der philosophisch-ideologische; wobei hervorgehoben wird, daß der zweite Aspekt der entscheidende ist (Mensch – Wissenschaft – Technik, a.a.O., S. 14/15).

darauf zurückzuführen, daß wir den Begriff „wissenschaftlich-technische Revolution“ heute im allgemeinen als Oberbegriff für die Revolution in der Wissenschaft und in der Technik einerseits und für die durch sie bewirkte Produktionsrevolution andererseits verwenden. So hat es mit dem Begriff „wissenschaftlich-technische Revolution“ eine eigenartig-dialektische Bewandtnis: Zunächst verwendet für die Charakterisierung qualitativer Veränderungen in der Technik, dann – in Kritik der Gegenüberstellung zu einer solchen „engen“ Auffassung von der wissenschaftlich-technischen Revolution – als Charakterisierung eines Prozesses, der über wissenschaftlich-technische Umwälzungen weit hinausreicht, hat er wiederum eine Interpretation erfahren, welche die wirklich „technischen“ – d. h. in den materiell-gegenständlichen Faktoren verankerten – Ausgangspunkte dieser Umwälzung verdeckt.

Für das Verständnis der gesellschaftlichen Wirkungen der wissenschaftlich-technischen Revolution und sicher auch ihres historischen Fortgangs ist es von größter Bedeutung, die Bindeglieder genauer zu untersuchen, die zwischen dieser wissenschaftlich-technischen Umwälzung im engeren Sinne und den ökonomischen und sozialen Veränderungen bestehen. Bei aller Betonung der Notwendigkeit, den Inhalt der wissenschaftlich-technischen Revolution und ihre Wirkungen nicht zu eng zu fassen, sind solche einengenden Charakterisierungen dennoch sehr weit verbreitet. Am deutlichsten wird dies, wenn die durch die wissenschaftlich-technische Revolution bewirkten ökonomischen und sozialen Prozesse sehr stark auf die Veränderung der Stellung des Menschen in der Produktion zurückgeführt werden und dies wiederum vor allem im Sinne der Veränderung der Arbeitsinhalte, der Arbeitsfunktionen aufgefaßt wird. Die Erschließung neuer Quellen der Steigerung der Effektivität der gesellschaftlichen Produktion – die Hauptwirkung der wissenschaftlich-technischen Revolution auf die gesellschaftlichen Entwicklungsprozesse – bleibt dann im Hintergrund. Offenbar werden diese Effektivitätswirkungen als selbstverständliches Attribut der wissenschaftlich-technischen Revolution verstanden, das einer näheren Darlegung nicht bedarf. Hier handelt es sich um einen Trugschluß: Die theoretische Analyse der neuen Quellen der Steigerung der Effektivität der gesellschaftlichen Produktion ist nicht nur das wichtigste, sondern zugleich auch das komplizierteste Element der theoretischen Analyse der wissenschaftlich-technischen Revolution überhaupt.

4.2. *Veränderungen in den Grundfunktionen der Technik – Ausdruck des Effektivitätsfortschritts in der Produktivkräfteentwicklung*

Wie unterschiedlich die Auffassungen über den naturwissenschaftlich-technischen Inhalt der wissenschaftlich-technischen Revolution auch sein mögen, über eines gibt es schon jetzt kaum einen Zweifel: Es ist ein Prozeß tiefgreifender qualitativer Wandlungen der *gesamten* Produktionstechnik, der die materiell-gegenständlichen Existenz- und Entwicklungsbedingungen der Gesellschaft tiefgreifend, nachhaltig verändern wird. Die wissenschaftlich-technische Revolution führt in ihrer kumulativen Gesamtwirkung zu einer qualitativ neuen materiell-technischen Basis und zu einem neuen Typ der Technik.

Damit ist gemeint, daß es sich hier nicht um einzelne, wenn auch bedeutende Veränderungen in der Technik handelt, sondern um eine Veränderung ihrer Gesamtqualität. Dem Wesen nach handelt es sich um die allmähliche Veränderung des heute noch vorherrschenden Typs der Technik, wie er von der industriellen Revolution hervorgebracht worden war. Wie groß die Fortschritte der Technik in den vergangenen zwei Jahrhunderten auch gewesen waren, so vollzogen sie sich doch innerhalb einer gleichbleibenden Qualität *wesentlicher* Merkmale der Technik. Und eben die Veränderung dieser Qualität, die allmähliche Überwindung der inneren Schranken und Begrenzungen dieses von der industriellen Revolution hervorgebrachten Typs der Technik ist gemeint, wenn von einem neuen Typ der Technik die Rede ist. Es handelt sich hierbei um Prozesse, die weit in die Zukunft reichen, die aber auch schon begonnen haben.

Die Notwendigkeit, diese Schranken des klassischen Typs der Technik allmählich zu überwinden, macht sich heute mehr und mehr *praktisch* bemerkbar. Die Verwirklichung der anspruchsvollen sozialen und ökonomischen Ziele wird in zunehmendem Maße wesentlich davon abhängen, wie diese Aufgabe bewältigt werden wird. Voraussetzung hierfür ist ein tiefes Verständnis der Grundlinie der qualitativen Veränderung in der Technik, der Notwendigkeit, jahrzehnte- oder gar jahrhundertealte Linien und Tendenzen des technischen Fortschritts allmählich zu überwinden, durch qualitativ neue zu ersetzen.

Den Kern dieser Veränderungen bilden die Veränderungen in den Grundfunktionen der Technik. Während, wie wir gesehen haben, die klassische Maschinerie vornehmlich die Funktion der Umwandlung der auf den Arbeitsgegenstand wirkenden Energie realisierte, verbindet der moderne Typ der Technik diese Funktion der Energieumwandlung mit der Funktion der Informationsumwandlung, d. h. der Sammlung, der Speicherung, der Verarbeitung und der Übertragung von Informationen. Insgesamt handelt es sich um drei Gruppen, um drei Grundlinien qualitativer Veränderungen der Technik, die eng miteinander zusammenhängen:

Erstens: Mit der allmählichen Schaffung eines neuen Typs der Produktionstechnik entstehen qualitativ *neue Quellen des Effektivitätsfortschritts.* Dies äußert sich zunächst darin, daß das Feld des wissenschaftlich-technischen Fortschritts prinzipiell auf neue Bereiche menschlicher Arbeit ausgedehnt wird. Das ist auch unbedingt erforderlich, wenn sich die Möglichkeit der Effektivitätssteigerung nicht tendentiell verringern soll. Entsprechend ihrer grundlegenden Funktion, der Energieumwandlung, ist die klassische Maschinerie vorwiegend in Bereichen zu finden, in denen der Arbeitsgegenstand direkt verändert wird, in den sogenannten Bearbeitungsprozessen. Diese Prozesse sind heute noch in gewissem Grade Inseln der Anwendung moderner Technik, umgeben von Handarbeit sowohl in den abschließenden Montageprozessen als auch in den nebengelagerten Hilfsprozessen (vor allem Instandhaltung, Umschlag-, Transport- und Lagerprozesse), den vorgelagerten Prozessen der Projektierung, Konstruktion und technologischen Produktionsvorbereitung und schließlich in den Prozessen der Leitung und Planung. Der Prozeß der Durchsetzung der „Verallgemeinerung der maschinellen Großproduktion" reicht historisch bis in die Gegenwart und ist auch heute noch nicht abgeschlossen; in der Landwirtschaft und im Bauwesen setzt dieser Prozeß erst im 20. Jahrhundert ein. Insgesamt bewirkt die innere Begrenztheit der klassischen Maschinerie jedoch, was die Übertragung menschlicher Arbeitsfunktionen an die technischen Mittel betrifft, daß Maschinerie auch heute noch in einem relativ schmalen Sektor menschlicher Arbeitstätigkeit zu finden ist.

Die prinzipielle Ausdehnung des Feldes des wissenschaftlich-technischen Fortschritts ist untrennbar mit der Realisierung der Funktion der Informationsverarbeitung verbunden und damit auch mit einem neuen Typ der Technik. Diese neue Maschinerie ist entweder eine Kombination von energie- und informationsumwandelnden Prozessen oder auch eine Technik nur der Informationsverarbeitung. Da man diese Funktion der Informationsverarbeitung in nahezu allen Bereichen menschlicher Tätigkeit findet, wird mit der schrittweisen Einführung des neuen Typs der Produktionstechnik der wissenschaftlich-technische Fortschritt Einzug in viele Bereiche halten, die ihm bislang praktisch verschlossen waren.

Diese Maschinerie hat eine stark integrierende Wirkung; d. h., ihre ökonomischen Effekte sind um so vollständiger erschließbar, je besser die Funktion automatischer Regelung und Steuerung der technologischen Prozesse und die Mechanisierung und Automatisierung formalisierbarer Elemente in der Produktionsvorbereitung sowie in der Leitung und Planung miteinander verbunden werden, Hilfsprozesse in den Hauptprozeß integriert werden, beispielsweise Funktionen des innerbetrieblichen Transportes. Es kann mit Sicherheit angenommen werden, daß die informationsverarbeitende Maschinerie in vielen nichtproduzierenden Bereichen nicht geringere Umwälzungen verursachen wird als in der materiellen Produktion.

Mit diesem neuen Typ der Produktionstechnik ist die Möglichkeit verbunden, eine große Anzahl qualitativ neuer Technologien zu verwirklichen. Es handelt sich hierbei um technologische Verfahren, die hohe Anforderungen an Geschwindigkeit und Präzision von Regelung und Steuerung stellen, wobei die Zahl der gleichzeitig zu regelnden und zu steuernden Parameter sprunghaft ansteigt. Diese hohe Geschwindigkeit der Informationsverarbeitung ermöglicht beispielsweise eine Echtzeitregelung, bei der die Feststellung von Abweichungen von vorgegebenen Führungsgrößen, die Analyse der Ursachen und die Beseitigung dieser Ursachen gewissermaßen zu ein und demselben Zeitpunkt stattfinden, so daß Abweichungen gar nicht erst eintreten.

Die revolutionierende Wirkung der Mikroelektronik besteht gerade darin, daß sie eine qualitativ neue Entwicklungsstufe der informationsverarbeitenden Technik einleitet. Diese neue Entwicklungsetappe wird vor allem durch die Verbindung dreier Momente charakterisiert: einer radikalen Miniaturisierung der elektronischen Bauelemente, einer nicht weniger sprunghaften Verbilligung ihrer Herstellung und einer Verminderung des Energieaufwandes bei ihrer Anwendung.

Eine der wichtigsten Anwendungsrichtungen der Mikroprozessoren ist ohne Zweifel der Maschinenbau. Hier werden die durch die Mikroelektronik bewirkten Veränderungen sicher nicht geringer sein, als es der Übergang von der zentralen Energieanlage mit ihrem aufwendigen Transmissionsmechanismus zur Anwendung der dezentral eingesetzten Elektromotoren gewesen ist. Während noch in der jüngeren Vergangenheit elektronische Datenverarbeitungsanlagen für die Steuerung der Werkzeugmaschinen, verbunden mit einer sehr aufwendigen Übertragungstechnik, zentral eingesetzt wurden, ermöglicht der Mikroprozessor einen weitgehend dezentralen Rechnereinsatz praktisch in jeder einzelnen Maschine.

Besonders revolutionierende Wirkungen werden offensichtlich von der Kombination von Mikroprozessoren und Robotern ausgehen, die in den letzten Jahren zunehmende Verbreitung gefunden haben. Inzwischen sind zur ersten Generation von Industrierobotern, die nach dem Ursache-Wirkungs-Prinzip arbeiten, Roboter hinzugekommen, die mit Mikroprozessoren ausgestattet sind und über sensorische Einrichtungen verfügen, d. h., die auch die menschlichen Sinnesorgane technisch simulieren, sich innerhalb eines gegebenen Programmvorrats verändernden Bedingungen anpassen, sich sozusagen zielgerichtet und in einem bestimmten Bereich autonom verhalten können.

Z w e i t e n s : Die heute vorherrschende Technik ist entstanden und hat sich unter gesellschaftlichen Verhältnissen entwickelt, da die menschliche Arbeit der Maschine untergeordnet war, weil das Verhältnis zwischen Kapital und Arbeit sich zugleich technologisch eben in einer solchen Beziehung zwischen Mensch und Maschine äußerte. Von daher stammt die Tradition, technische Lösungen vornehmlich zum Zwecke der technischen Realisierung von Produktionsaufgaben anzustreben, und den Menschen gewissermaßen all das zu überlassen, was nicht billig genug von der Maschine realisiert werden kann. Mit zunehmender Reife der sozialistischen Gesellschaft gewinnt die *Gestaltung progressiver Arbeitsinhalte* (die Reduzierung schwerer körperlicher und geistig monotoner Arbeit sowie der Arbeit mit geringer Qualifikation) zunehmende Bedeutung für die Verwirklichung der Ziele und Ideale des Sozialismus, für die Lösung aller wesentlichen Aufgaben der Höherentwicklung der sozialistischen Gesellschaft. Die zunehmende soziale Homogenisierung, die allmähliche Verwandlung der Arbeit in das erste Lebensbedürfnis erfordern eine systematische Verringerung der wesentlichen Unterschiede zwischen körperlicher und geistiger Arbeit, zwischen weniger und mehr qualifizierter Arbeit, zwischen industrieller und landwirtschaftlicher Arbeit. Wir brauchen technische Lösungen, die eine Steigerung der Effektivität *und* Fortschritte in der qualitativen Beschaffenheit menschlicher Arbeit ermöglichen, d. h. eine Produktionstechnik, die das wachsende Bildungs- und Qualifikationsniveau der Werktätigen zunehmend ausschöpft und so günstigere Bedingungen für die Entwicklung sozialistischer Persönlichkeiten und Kollektivbeziehungen in der Arbeit schafft.

D r i t t e n s : Die heute vorherrschende Produktionstechnik ist entstanden und hat sich über viele Jahrzehnte unter Bedingungen entwickelt, da Luft und Wasser gewissermaßen kostenlos waren und die traditionellen natürlichen Ressourcen, Erze, Kohle u. a., unbegrenzt zu sein schienen. Auch hier ist inzwischen eine grundlegende Veränderung eingetreten. Jetzt brauchen wir im steigenden Maße einen Typ von Produktionstechnik, der eine andere Qualität in den *Beziehungen zwischen Produktion, natürlichen Ressourcen und natürlicher Umwelt* realisiert.

Die heute üblichen technologischen Prozesse haben zur Folge, daß der Natur in großen Mengen Stoffe entnommen, relativ oberflächlich verarbeitet und schließlich auch oberflächlich genutzt und zuletzt in großen Mengen wieder abgegeben werden als Abgase in die Atmosphäre, als Abwässer in die Flüsse oder als Abprodukte in fester Form auf Halden. Zukünftig sind im steigenden Maße technologische Verfahren mit geschlossenem Stoffkreislauf notwendig, bei dem der der Natur entnommene Stoff vollständig aufgebraucht wird oder die Abprodukte wieder als Ausgangsstoff in andere Produktionsprozesse eingesetzt werden. Auf diese Weise werden zum einen die Rohstoffbilanzen entlastet, und zum anderen wird die Belastung der natürlichen Umwelt mit Abprodukten gemindert. Vor zwei Jahrzehnten bereits schrieb J. W. Bernal, „daß wir mit diesen Materialien in unserer Zivilisation unglaublich verschwenderisch umgehen. Wir verdienen wirklich nicht das Glück, daß wir sie so leicht wie jetzt gewinnen können".[16] Nun hat sich gerade in den letzten beiden Jahrzehnten die Gewinnung von Rohstoffen zunehmend verteuert, und die Aufwendungen für die Beseitigung der Folgen unseres extensiven Verhaltens zum Naturstoff sind außerordentlich schnell gestiegen. Es kann keinen Zweifel darüber geben, daß die Veränderung dieses Verhaltens zum Naturstoff, und zwar durch die gesamte technologische Art, in der wir produzieren, zu einer Bedingung für weiteren ökonomischen und gesellschaftlichen Fortschritt wird.

5. Zum historischen Verständnis der wissenschaftlich-technischen Revolution und ihrer Entwicklungsetappen

Für das historisch-logische Verständnis der wissenschaftlich-technischen Revolution ist zweierlei von großer Bedeutung: einerseits die Berücksichtigung der Tatsache, daß es sich hier um die tiefgreifendste qualitative Veränderung der materiell-gegenständlichen Existenzgrundlagen der Gesellschaft handelt, soweit sie durch menschliche Arbeit geschaffen wurden. Andererseits darf nicht übersehen werden, daß die wissenschaftlich-technische Revolution ein sehr langfristiger, weit in die Zukunft reichender historischer Prozeß ist, dessen Verwirklichung sich im konkreten auf dem Wege dialektischer Wechselwirkung zwischen evolutionären und revolutionären Veränderungen, d. h. der Vervollkommnung bekannter Verfahren und Erzeugnisse und der Hervorbringung und Einführung völlig neuer Erzeugnisse und Verfahren, vollzieht.

Zu den Fragenkomplexen, die heute, da die wissenschaftlich-technische Revolution sich noch in ihren Anfängen befindet, von relativ geringer Aktualität sind, gehört ohne Zweifel jener, der die fernen Perspektiven, die „abschließenden" Etappen der wissenschaftlich-technischen Revolution betrifft. Indes spielen diese Fragen in der Diskussion jetzt schon eine gewisse Rolle, und sie sind, eben weil Historisches und Logisches dialektisch miteinander verbunden sind, für das Verständnis des Wesens der wissenschaftlich-technischen Revolution und damit auch der heutigen Aufgaben zu ihrer Verwirkli-

[16] J. W. Bernal, Welt ohne Krieg, a.a.O., S. 77.

chung von einiger Bedeutung. Zwei Bemerkungen sollen in diesem Zusammenhang gemacht werden.

Erstens sollte unter wissenschaftlich-technischer Revolution der Prozeß des *Übergangs* zu einer qualitativ neuen materiell-technischen Basis, der Prozeß ihrer Herausbildung verstanden werden. Hieraus folgt natürlich, daß die wissenschaftlich-technische Revolution historisch nicht nur einen Anfang, sondern auch ein Ende hat. Dem stehen Auffassungen entgegen, wonach die wissenschaftlich-technische Revolution eine historisch permanente Revolution ist, die niemals einen Abschluß haben kann. Dies wird einmal damit begründet, daß die sich im Prozeß der wissenschaftlich-technischen Revolution herausbildende neue Qualität der Technik etwa im Sinne der o. a. Merkmale des neuen Typs der Technik, (des dritten Arbeitsmitteltyps) historisch nicht mehr veralten könne; zum anderen schließe diese neue Grundqualität der Technik eine höhere und *anhaltende* Dynamik des wissenschaftlich-technischen Fortschritts ein, wie sie in früheren Entwicklungsperioden der Produktivkräfte unbekannt gewesen ist. Mit der wissenschaftlich-technischen Revolution beginne ein unendlicher Prozeß tiefgreifender qualitativer Umgestaltungen der materiell-technischen Basis innerhalb einer unveränderlichen Grundqualität der Technik. All dies spreche dagegen, ein historisches Ende der wissenschaftlich-technischen Revolution anzunehmen.

Selbst wenn dies eine zutreffende Charakterisierung der künftigen Entwicklung der Technik sein sollte – und nach dem heutigen Erkenntnisstand braucht dies nicht bestritten zu werden –, ist damit noch keine schlüssige Begründung für die These gegeben, daß die wissenschaftlich-technische Revolution historisch kein Ende haben werde. Ihr Ende ist eben dort anzusetzen, wo die in ihrem Verlaufe sich herausbildende neue Qualität der materiell-technischen Basis voll ausgebildet ist. Natürlich werden die im Prozeß der wissenschaftlich-technischen Revolution entstandenen und sich entfaltenden Merkmale und Entwicklungslinien der Technik auch nach Beendigung dieser wissenschaftlich-technischen Revolution fortwirken; ebenso wie auch die in der industriellen Revolution entstandenen Entwicklungslinien und Merkmale der Technik bis in die Gegenwart fortwirken, ohne daß je ernsthaft darüber gestritten wurde, daß diese Revolution in England noch in der ersten Hälfte des vorigen Jahrhunderts ihren Abschluß gefunden hat. Das Ende der wissenschaftlich-technischen Revolution wird eine wichtige Zäsur in der Entwicklungsgeschichte der Produktivkräfte darstellen. Während im Prozeß der wissenschaftlich-technischen Revolution gewissermaßen zwei oder gar alle drei Grundtypen der Arbeitsmittel existieren, wird sich die Entwicklung der Produktivkräfte nach dem Abschluß der wissenschaftlich-technischen Revolution unter den Bedingungen eines einheitlichen Typs der Technik vollziehen. Die heutige Bedeutung dieser Frage nach dem Ende der wissenschaftlich-technischen Revolution besteht eigentlich nur darin, daß sie die Besonderheiten dieser Entwicklungsperiode der Technik deutlicher hervortreten läßt, vor allem die Existenz mehrerer Typen der Technik. Dies aber ist für das Verständnis des Gesamtprozesses des wissenschaftlich-technischen Fortschritts in der Gegenwart von erheblicher Bedeutung, denn es wird hierdurch die Aufmerksamkeit auf sehr gravierende Aspekte der heutigen Struktur der Technik, auf die Probleme der Wechselwirkungen zwischen den verschiedenen Typen der Technik gelenkt.

Zweitens: Es wird oft und wohl zu Recht darauf aufmerksam gemacht, daß in den späteren Entwicklungsetappen der wissenschaftlich-technischen Revolution Veränderungen der Werkstoffe auf der molekularen und atomaren Ebene eine größere Rolle spielen, daß neben den mechanisch-physikalischen Verfahren biochemische und biologische Verfahren an Bedeutung gewinnen und daß in der Produktion komplexere Naturprozesse selbst werden angewandt werden. Technik und Natur werden einander näher kommen; die Funktion der Technik wird in zunehmendem Maße darin bestehen, Naturprozesse direkt in bestimmten Wirkungsrichtungen zu unterstützen, zu beschleunigen. Ob all dies in der Tat den Übergang von der wissenschaftlich-technischen Revolution zu einer „wissenschaftlich-biologischen Revolution" bedeuten wird, wie dies mitunter gesagt wird, ob die Physik als führende Wissenschaftsdisziplin des 20. Jahrhunderts durch die Biologie als führende Disziplin im 21. Jahrhundert abgelöst wird, all dies mag dahingestellt sein. Sicher ist aber, daß die Wechselwirkungen zwischen Natur und Technik enger und fruchtbarer werden, daß hierin eine der bedeutendsten Quellen des Effektivitätsfortschritts in den kommenden Jahrzehnten zu sehen ist. All dies wird nicht nur ein in höherem Grade naturressourcensparendes und umweltschonendes Wirtschaftswachstum ermöglichen, sondern überhaupt zu einer wachsenden Bedeutung biologischer Prozesse der unmittelbaren Produktion führen. Es wird dies in der Tat ein gewisses „Zurück zur Natur" bewirken, allerdings nicht in der rückwärtsgewandten und deshalb utopischen Manier der Anhänger der „kleinen" und „sanften" Technik, sondern im Prozeß der weiteren Entfaltung der wissenschaftlich-technischen Revolution.

Drittes Kapitel

Das soziale Wesen der wissenschaftlich-technischen Revolution

Bei der Analyse der dialektischen Wechselwirkungen zwischen der Entwicklung der Produktivkräfte und der Produktionsverhältnisse, des Wesens der Technik, darf nicht übersehen werden, daß die Attribute des Gesellschaftlichen, Sozialen nicht nur den Produktionsverhältnissen zukommen. Produktivkräfte sind Produktivkräfte der *Gesellschaft*, des Menschen als *sozialem* Wesen; Wissenschaft und Technik sind *soziale* Phänomene; im Tier- und Pflanzenreich gibt es sie nicht. Nur deshalb sind dialektische Wechselwirkungen zwischen Produktivkräften und Produktionsverhältnissen überhaupt möglich; es sind keine Wechselwirkungen zwischen direkt Natürlichem und Gesellschaftlichem, sondern zwischen den Prozessen der Auseinandersetzung des Menschen mit der Natur (Produktivkräfte) einerseits und den aus spezifischen gesellschaftlichen Verhältnissen (vor allem aus Eigentumsverhältnissen) resultierenden Zielen und sozialen Triebkräften der Produktion andererseits. Das gesellschaftliche, soziale Moment der Produktivkräfte (die Technik hierin eingeschlossen) äußert sich vor allem darin, daß sie sich gegenüber den Produktionsverhältnissen nicht neutral, passiv, verhalten, sondern jeweils ganz bestimmte gesellschaftliche Bewegungsformen, spezifische Produktionsverhältnisse, *erfordern*. Der Charakter der Produktivkräfte begründet die *Notwendigkeit* bestimmter Produktionsverhältnisse, nicht ihre *Wirklichkeit*; die wirklichen Ziele und Triebkräfte der Produktivkräfteentwicklung sind durch die jeweils real existierenden Produktionsverhältnisse bestimmt. Hieraus folgt, daß das soziale Wesen einer bestimmten Qualität der Produktivkräfte, bestimmten Umwälzungen in der Technik – wie der wissenschaftlich-technischen Revolution der Gegenwart – nur von den Produktionsverhältnissen her charakterisiert werden kann, aber nicht nur von den Produktionsverhältnissen her, unter denen sie jeweils existieren, sich vollziehen, sondern auch von denjenigen her, die sie erfordern. Außerhalb dieser Dialektik zwischen Produktivkräften und Produktionsverhältnissen ist das soziale Wesen der Technik, der wissenschaftlich-technischen Revolution, nicht zu erklären.

Der Technizismus der bürgerlichen Ideologie besteht gerade darin, daß sie diesen Zusammenhang ignoriert, leugnet oder verfälscht.

1. Der Technizismus – wesentliches Element der bürgerlichen Technikphilosophie

Es hat andererseits in den letzten drei Jahrzehnten wohl kaum eine bedeutendere bürgerliche gesellschaftspolitische Konzeption gegeben, die sich nicht sehr stark „technologischer" Argumentationen bedient, sich nicht auf bestimmte technische Entwicklungen berufen hätte. Noch vor zwanzig, dreißig Jahren waren vor allem solche gesellschaftlichen Erscheinungen und Prozesse bevorzugter Ausgangs- und Endpunkt bürgerlicher Ideologie, die wir zum gesellschaftlichen Überbau zählen würden – ethische Werte, subjektive Verhaltensweisen der Menschen, Staat usw. Hieraus wurden unwissenschaftliche, subjektivistische Begründungen gesellschaftlicher Prozesse abgeleitet. Mit der beginnenden wissenschaftlich-technischen Revolution rückte die bürgerliche Ideologie „technologische Begründungen" der gesellschaftlichen Prozesse in den Vordergrund, ohne allerdings auf den Subjektivismus, den Psychologismus zu verzichten. Es hat geradezu den Anschein, als ob die bürgerlichen Ideologen aufatmeten, hier eine Möglichkeit gefunden zu haben, den subjektivistischen Verirrungen zu entrinnen und in höherem Maße objektive Prozesse für die Begründung ihrer Thesen anführen zu können. Der Technizismus war von nun an ein wichtiges Element aller antisozialistischen Theorien: der „Konvergenztheorie", der Theorie von der „Industriegesellschaft", von der „postindustriellen Gesellschaft" usw.

Bei alledem darf nicht übersehen werden, daß die „Ausklammerung" der Eigentumsverhältnisse und der politischen Machtverhältnisse aus den Beziehungen zwischen dem technischen Fortschritt und dem gesellschaftlichen und sozialen Fortschritt, wie wir sie in der bürgerlichen Literatur finden, nur scheinbar ist. Die technizistischen Konzeptionen der bürgerlichen Ideologie dienen letztlich ausschließlich der Verteidigung der *spezifischen ökonomischen und politischen Verhältnisse* des Kapitalismus und der Verleumdung des realen Sozialismus.

An dieser Stelle eine Bemerkung zu dem in unserer Literatur vielgebrauchten Begriff „Technizismus": Im allgemeinen wird darunter verstanden, daß der Beschreibung technischer Entwicklungslinien, vor allem im Zusammenhang mit der Analyse der wissenschaftlich-technischen Revolution, sehr viel Augenmerk geschenkt wird und die gesellschaftlichen und sozialen Aspekte dieses Prozesses demgegenüber vernachlässigt werden. Es wird häufig mit ausdrücklichem Verweis auf den bürgerlichen Technizismus davor gewarnt, bei der Charakterisierung des naturwissenschaftlich-technischen Inhalts der wissenschaftlich-technischen Revolution „stehen zu bleiben". Quellenangaben darauf, wo solche technizistischen Thesen dargelegt werden,

werden in der Regel allerdings nicht gemacht; und sie würden sich auch kaum finden lassen.

Technizismus bedeutet, daß gesellschaftliche und soziale Entwicklungsprozesse *unmittelbar* aus Entwicklungen der Technik abgeleitet werden, wobei die grundlegenden ökonomischen und politischen Beziehungen, die Produktionsverhältnisse und die politischen Machtverhältnisse, aus den Wechselwirkungen zwischen dem wissenschaftlich-technischen und dem gesellschaftlichen und sozialen Fortschritt herausgenommen werden. Die spezifische sozialökonomische Bestimmtheit der gesellschaftlichen Entwicklungsprozesse wird durch eine „technologische Determiniertheit" ersetzt. Wenn vermittelnde Glieder zwischen wissenschaftlich-technischem Fortschritt und gesellschaftlichen Entwicklungsprozessen anerkannt werden, dann bezieht sich das auf subjektive Momente, auf Moralnormen, auf Rechts- und Verhaltensakte, deren Bezug zu den spezifischen Produktionsverhältnissen gleichfalls geleugnet wird. In einem Wort: Die gesellschaftlichen Verhältnisse werden nicht aus den *ökonomischen* Verhältnissen (den Eigentumsverhältnissen), sondern aus *technischen* Bedingungen hergeleitet.

Demgegenüber weist der Marxismus-Leninismus nach, bestätigt die gesellschaftliche Praxis immer wieder, daß das Ziel, die ökonomischen Triebkräfte (Interessen) und die Art und Weise der Entwicklung der Produktivkräfte und damit auch der Verwirklichung der wissenschaftlich-technischen Revolution durch die jeweiligen Produktionsverhältnisse, vor allem die Eigentumsverhältnisse und die politischen Machtverhältnisse, bestimmt sind. Bürgerliche Ideologen versuchen immer wieder, Zwecke und Triebkräfte des Fortschritts von Wissenschaft und Technik in systemneutralen Ursachen zu suchen. So sieht Karl Steinbuch Motive für wissenschaftlich-technische Höchstleistungen „in dem fundamentalen Drang, das Unbekannte zu erforschen"; es sei der „innere Drang zu ... heroischen Taten", „unerklärliche Wißbegierde" und ähnliches.[1] Von hervorragenden Naturwissenschaftlern kann man immer wieder hören, daß die Menschheit ihren Fortschritt, namentlich den wissenschaftlich-technischen, vor allem der menschlichen Neugier, dem inneren Drang des Menschen zu schöpferischer Tätigkeit verdanke. Selbstverständlich spielten und spielen solche allgemeinen Eigenschaften des Menschen wie Neugier usf. im Fortschritt der Wissenschaft, in der Entwicklung der Produktivkräfte eine außerordentliche Rolle. Aber die geschichtlichen Erfahrungen lehren, daß diese edlen menschlichen Tugenden durchaus mißbraucht werden können, und zwar von denjenigen, die über ihre Anwendung und die Art ihrer Anwendung entscheiden, d. h. letztlich die Eigentümer der Produktionsmittel. Zum anderen

[1] K. Steinbruch, Programm 2000, Stuttgart 1970, S. 68.

werden Neugier und Schöpferdrang sich in dem Maße entfalten, wie sie durch die jeweiligen gesellschaftlichen Verhältnisse ökonomisch und moralisch stimuliert werden. Insbesondere mit der zunehmenden Vergesellschaftung der wissenschaftlichen Arbeit, der engeren und systematischen Verflechtung zwischen Wissenschaft und Produktion werden sowohl die Entwicklung der Wissenschaft wie die Art ihrer Anwendung direkter und zwingender von den jeweiligen ökonomischen Verhältnissen bestimmt.

2. Zum Verhältnis Technik-Ökonomie

Unter diesem Gesichtspunkt muß auch die häufig verwendete Formel „soziale Folgen der wissenschaftlich-technischen Revolution" gründlicher durchdacht werden. Sie hat insofern eine gewisse Berechtigung, als der wissenschaftlich-technische Fortschritt die letztlich entscheidende materielle Grundlage des gesellschaftlich-sozialen Fortschritts ist. Deshalb kommen den gesellschaftlichen Veränderungen tatsächlich gewisse Merkmale „abhängig Veränderlicher" zu. Aber – und dies ist das entscheidende – die wissenschaftlich-technische Revolution ist von vornherein in bestimmte gesellschaftliche Zusammenhänge hineingestellt, auf die es gerade ankommt, wenn es um den objektiven Zweck und die Art und Weise ihrer Verwirklichung geht. Die Formel „soziale Folgen der wissenschaftlich-technischen Revolution" wirkt direkt falsch, wenn hieraus eine bestimmte Reihenfolge oder Rangfolge in der Konzipierung des technischen Projekts, der ökonomischen Nutzeffektrechnung, der Veränderung der Arbeits- und Lebensbedingungen abgeleitet wird. Es geht nicht um die gesellschaftlichen Wirkungen eines „autonomen" wissenschaftlich-technischen Prozesses, sondern um den gesellschaftlichen *Inhalt* dieses Prozesses, um die ganz bestimmte gesellschaftliche Art und Weise, in der er zu verwirklichen ist. Dies bedeutet, daß z. B. am Anfang von Rationalisierungsmaßnahmen nicht etwa der Entschluß stehen darf: „Wir automatisieren", sondern der Entschluß: „Wir wollen bestimmte gesellschaftliche Bedürfnisse (nach Umfang, Sortiment und Qualität) besser befriedigen und gleichzeitig die Effektivität der Produktion steigern". In jedem Falle sind klare Aufgabenstellungen, *Vorgaben* für die Erhöhung der Effektivität der Produktion und auch für die Verbesserung der Arbeits- und Lebensbedingungen unmittelbar erforderlich. Das heißt, wissenschaftlich-technische Maßnahmen dürfen niemals zunächst „für sich" genommen, in ihren Wirkungen im Nachhinein berechnet oder, wenn sie negativ sind, korrigiert werden. So klar und deutlich einerseits gesagt werden muß, daß der wissenschaftlich-technische Fortschritt unter sozialistischen Bedingungen die materielle Grundlage des gesellschaftlichen, sozialen Fortschritts ist, muß andererseits gesagt werden, daß er den gesellschaftlichen Zielstellungen *untergeordnet* ist; d. h., die Ökonomie hat im Verhältnis zur Technik das Primat. Letztlich kann *nur* anhand gesellschaftlicher (ökonomischer, sozialer) Kriterien beurteilt werden, was am wissenschaftlich-technischen Fortschritt tatsächlich fortschrittlich ist (dies bedeutet natürlich nicht, daß in der gesamten Kette, die technische Veränderungen mit ökonomischen Wirkungen verbindet, nicht auch technische Kennziffern und technisch-ökonomische Kennziffern für die Beurteilung der Progressivität technischer Lösungen verwendet werden müßten). Die praktischen Erfahrungen lehren auch, daß die herrschenden Produktionsverhältnisse sehr stark auf die Beschaffenheit der technischen Lösungen wirken, vor allem was die technologischen Voraussetzungen für die Arbeitsfunktionen, die Arbeitsinhalte der Menschen betrifft. Immer dann, wenn wir komplette Anlagen, ganze Fabriken von kapitalistischen Firmen errichten lassen, wird deutlich, daß die Überlegenheit des Sozialismus auf diesem Gebiet heute schon außerordentlich groß ist. Mitunter sind die Arbeitsbedingungen (die technologisch bestimmten Arbeitsgeschwindigkeiten, die ergonomischen Daten, die Arbeitsumwelt im weiteren Sinne, Lärm, Vibration, Hitze u. a.) so schlecht, daß hohe zusätzliche Investitionen erforderlich sind, um diese Anlagen unter unseren Bedingungen überhaupt produktionsfähig zu machen. Dabei zeigt sich, daß kapitalistische Firmen häufig auch geringe zusätzliche Investitionen nicht durchführen, wenn dies zwar die Arbeitsbedingungen verbessert, aber nicht zugleich den Profit erhöht. Aus der Tatsache, daß die wissenschaftlich-technische Revolution unter kapitalistischen und unter sozialistischen Verhältnissen einander direkt entgegengesetzte gesellschaftliche Zwecke und soziale Wirkungen haben, ihre Verwirklichung durch grundverschiedene soziale Mechanismen und Triebkräfte realisiert wird, folgt natürlich, daß die wissenschaftlich-technische Revolution unter kapitalistischen und sozialistischen Verhältnissen einen jeweils anderen gesellschaftlichen Inhalt hat.

Die Bestimmung des gesellschaftlichen Inhalts der wissenschaftlich-technischen Revolution auf diese Art und Weise, d. h. ausgehend von den Produktionsverhältnissen, *unter denen sie sich jeweils vollzieht*, ist eine notwendige, aber keine hinreichende Charakterisierung des Wesens, des gesellschaftlichen Inhalts der wissenschaftlich-technischen Revolution; insbesondere ist sie nicht ausreichend für die Bestimmung des historischen Platzes dieser revolutionären Umwälzung in Wissenschaft, Technik und technologischer Produktionsweise. Eine Beschränkung auf diese Art der Charakterisierung des gesellschaftlichen Inhalts der wissenschaftlich-technischen Revolution kann sogar zu gesellschaftspolitischen wie ideologischen Fehlschlüssen führen.

Solche einseitigen Charakterisierungen des gesellschaftlichen Inhalts der wissenschaftlich-technischen Revolution, der Technik überhaupt, finden wir beispielsweise in solchen Thesen, daß über die gesellschaftliche Natur der Technik ausschließlich ihre Anwendung entscheide, daß die Technik „an sich" weder gut noch böse sei, weder progressiv noch reaktionär. Diese, vor allem bei Naturwissenschaftlern häufig anzutreffenden Auffassungen – die man allerdings auch in der marxistisch-leninistischen gesellschaftswissenschaftlichen Literatur mitunter findet – bezeichnen zwar einen wichtigen Punkt der Beziehungen zwischen Produktivkräften und Produktionsverhältnissen, nämlich die Bestimmtheit der gesellschaftlichen Wirkungen der Technik durch die jeweiligen gesellschaftlichen Verhältnisse, sie erfassen diese Dialektik aber nicht vollständig, weil sie die umgekehrte Beziehung – die von den Produktivkräften ausgehenden objektiven Anforderungen an die Beschaffenheit der gesellschaftlichen Verhältnisse – ignorieren. Solche Auffassungen, daß das gesellschaftliche Wesen der Technik ausschließlich durch die jeweils existierenden gesellschaftlichen Verhältnisse bestimmt sei, laufen im Grunde genommen darauf hinaus, den Produktivkräften im gesellschaftlichen Entwicklungsprozeß eine ausschließlich passive Rolle zuzuschreiben. Sie kommen den Behauptungen bürgerlicher Ideologen entgegen, wonach der Marxismus-Leninismus angeblich das Wesen der Technik „nur über ein ‚Anwendungsverhältnis'" deutet und eine „Unschuld der Produktivkräfte" postuliert.[2] Eine Auffassung von einer angeblichen „Unschuld der Produktivkräfte" ist dem Marxismus natürlich völlig fremd; sie widerspricht den grundlegenden Aussagen der Klassiker des Marxismus-Leninismus über die *Wechselwirkungen* zwischen Produktivkräften und Produktionsverhältnissen; sie ignoriert die Tatsache, daß nach Marx die Produktivkräfte das revolutionärste Element der Produktionsweise sind, daß es für den Marxisten gewissermaßen verbindlich ist, von „der Entwicklung der Produktivkräfte (dieses höchsten Kriteriums des gesellschaftlichen Fortschritts) auszugehen"[3], daß es „zu den fundamentalen Erkenntnissen des Marxismus-Leninismus (gehört), daß jeder gesellschaftliche Fortschritt auf der Entwicklung der Produktivkräfte beruhen muß".[4]

[2] Otto Ullrich, Technik und Herrschaft, Frankfurt a. M. 1977, S. 11.

[3] W. I. Lenin, Das Agrarprogramm der Sozialdemokratie in der ersten russischen Revolution von 1905 bis 1907, in: Werke, Bd. 13, Berlin 1963, S. 240.

[4] Bericht des Zentralkomitees der Sozialistischen Einheitspartei Deutschlands an den IX. Parteitag der SED, Berichterstatter: Erich Honecker, Berlin 1975, S. 69.

3. Das soziale Wesen der wissenschaftlich-technischen Revolution: der Prozeß der Herausbildung der materiell-technischen Basis des Kommunismus

Bestimmt man den gesellschaftlichen Inhalt der wissenschaftlich-technischen Revolution nur durch die Produktionsverhältnisse, unter denen sie sich jeweils vollzieht, so ist die These von der angeblichen Existenz zweier (oder gar dreier) verschiedener wissenschaftlich-technischer Revolutionen geradezu unvermeidlich, einer sozialistischen wissenschaftlich-technischen Revolution, einer kapitalistischen und einer besonderen in den Ländern der dritten Welt. Selbstverständlich gibt es nur eine wissenschaftlich-technische Revolution. Sie ist ein weltweiter Prozeß grundlegender qualitativer Veränderungen in der Technik, die das gesamte System der Produktivkräfte qualitativ verändert, namentlich die materiell gegenständlichen Grundlagen der Stellung des Menschen in der Produktion, der Entwicklung der Produktivität seiner Arbeit. Sie ist charakterisiert durch bestimmte technische und technologische Hauptrichtungen, die im wesentlichen überall die gleichen sind, ob sich diese wissenschaftlich-technische Revolution nun im Kapitalismus oder im Sozialismus vollzieht. Diese wissenschaftlich-technische Revolution ist das gesetzmäßige Resultat der Entwicklung der Produktivkräfte, der Auseinandersetzung zwischen Mensch und Natur, d. h. der Widersprüche, die in der Entwicklung der Produktivkräfte selbst wirken. Wenn der gesellschaftliche Inhalt der wissenschaftlich-technischen Revolution bestimmt werden soll, darf man folglich nicht nur diejenigen Produktionsverhältnisse in Betracht ziehen, unter denen sie sich jeweils vollzieht, sondern vor allem auch diejenigen Produktionsverhältnisse, *die sie in der Konsequenz erfordert*; und dies sind nicht entweder kapitalistische oder sozialistische, sondern ganz eindeutig sozialistische bzw. kommunistische Verhältnisse.

Die Art und Weise, wie wir den gesellschaftlichen Inhalt der wissenschaftlich-technischen Revolution bestimmen, hat außerordentlich weitreichende theoretische und praktische Konsequenzen. Gehen wir von der These der „zwei wissenschaftlich-technischen Revolutionen" aus, behaupten wir also, daß der Sozialismus gewissermaßen seine „eigene" wissenschaftlich-technische Revolution besitzt, so verkleinern wir praktisch-ökonomisch wie politisch-ideologisch das Ausmaß der Aufgaben, denen sich der Sozialismus bei der Bewältigung der wissenschaftlich-technischen Revolution gegenübersieht. Wenn wir unsere „eigene" wissenschaftlich-technische Revolution haben, so liegt natürlich die Folgerung nahe, daß auch die Maßstäbe, die an ihr Ausmaß und Tempo anzulegen sind, ausschließlich interne Maßstäbe sind; daß uns die Maßstäbe, die durch die technische Entwicklung in den kapitalistischen Ländern gesetzt werden, nichts angehen. Die praktischen Erfahrungen unserer Außenwirtschaftstätigkeit würden uns sehr schnell eines anderen belehren.

Die These von einer besonderen wissenschaftlich-technischen Revolution des Sozialismus müßte aber auch in der gesellschaftlichen und politischen Wertung unter den historischen Ansprüchen des Sozialismus bleiben. Von einer „sozialistischen wissenschaftlich-technischen Revolution" könnte nicht mehr gesagt werden, als daß sie besser sei oder sein müsse als die „kapitalistische wissenschaftlich-technische Revolution". In Wirklichkeit aber ist der Gesamtprozeß der wissenschaftlich-technischen Revolution, nehmen wir sie in ihrer gesamten historischen Dimension und in ihrer grundlegenden gesellschaftsverändernden Wirkung, nichts anderes als der *Prozeß der allmählichen Herausbildung der materiell-technischen Basis* des Kommunismus. Darin vor allem besteht *das gesellschaftliche Wesen der wissenschaftlich-technischen Revolution.* Bei einem solchen Herangehen ergibt sich, daß wir theoretisch-ideologisch wie auch praktisch-ökonomisch nachweisen müssen, daß Sozialismus bzw. Kommunismus und wissenschaftlich-technische Revolution sich nicht gewissermaßen nur äußerlich zueinander verhalten, einander in ihrer Entfaltung fördern, sondern dem Wesen der Sache nach zusammengehören. Die konstruktive Aufgabe, die sich hieraus ergibt, besteht vor allem darin, systematisch die Gesamtheit der ökonomischen, sozialen und geistig-kulturellen Voraussetzungen zu vervollkommnen, so daß sie der Entfaltung der wissenschaftlich-technischen Revolution die besten Bedingungen bieten. „Wir Kommunisten gehen davon aus, daß die wissenschaftlich-technische Revolution nur unter den Bedingungen des Sozialismus den richtigen, den Interessen von Menschen und Gesellschaft entsprechenden Verlauf nimmt. Andererseits kann nur auf der Grundlage der beschleunigten Entwicklung von Wissenschaft und Technik die Endaufgabe der sozialen Revolution gelöst, die kommunistische Gesellschaft errichtet werden."[5]

Natürlich ist die These, daß dic sozialen und gesellschaftlichen Wirkungen der Technik und dcr wissenschaftlichen-technischen Revolution von ihrer Anwendung und diese wiederum von den Produktionsverhältnissen abhängen, völlig richtig. Die Ziele und Zwecke der Technik werden selbstverständlich nicht von den Produktionsverhältnissen bestimmt, die sie in der historischen Perspektive erfordern, sondern von den Produktionsverhältnissen, die real existieren. Es ist richtig zu sagen, daß die gesellschaftliche Eigenschaft eines Gewehrs davon abhängig ist, von wem es getragen wird, von einem Agressor

[5] XXV. Parteitag der KPdSU, Rechenschaftsbericht des Zentralkomitees der KPdSU über die nächsten Aufgaben der Partei in der Innen- und Außenpolitik. Berichterstatter: L. I. Breshnew, Berlin 1976, S. 58/59.

oder von einem Soldaten, der die Unabhängigkeit seines Landes verteidigt.

Unrichtig werden diese Thesen erst dann, wenn sie als Argument für die Behauptung verwandt werden, daß von den Produktivkräften, von der Technik überhaupt, keine gesellschaftlichen Erfordernisse ausgehen. So bedarf dieser Satz über die Anwendung des Gewehrs unter heutigen Bedingungen eben einer Ergänzung, die nicht ohne weiteres – wie das mitunter geschieht – unterstellt werden darf: Die heutige Entwicklung der Waffentechnik macht sichtbar, daß der Imperialismus, daß gesellschaftliche Verhältnisse überhaupt, die den Krieg ursächlich hervorbringen, historisch überlebt sind. „Der alte Standpunkt, den Krieg als ein Mittel der Politik anzusehen, wird vielmehr schließlich deshalb überwunden werden, weil diese Einstellung vernunftwidrig geworden ist und weil immer mehr Menschen darauf kommen werden, daß sie zu einem selbstmörderischen Widersinn führt. In der Vergangenheit hatte man immer sophistische Entschuldigungen für die Verwüstung anderer Länder. Man gab vor, die Interessen oder das Leben des eigenen Volkes schützen zu müssen. Heute ist bekannt, daß die Bevölkerung beider Seiten – die tugendhaften Verteidiger ebenso wie die bösen Angreifer – gleichermaßen der Vernichtung ausgesetzt sind, sobald einmal der Atomkrieg ausgebrochen ist."[6]

Die Bestimmung des gesellschaftlichen Wesens der wissenschaftlich-technischen Revolution, ausgehend von den gesellschaftlichen Verhältnissen, die sie in der Konsequenz erfordert, ist die wesentlichere. Denn die wissenschaftlich-technische Revolution kann zwar unter kapitalistischen wie unter sozialistischen Verhältnissen beginnen, sie kann aber nur im Kommunismus vollendet werden. Ihr Gesamtergebnis kann nur die Hervorbringung, die allmähliche Herausbildung der materiell-technischen Basis des Kommunismus sein. Nur eine solche Bestimmung des gesellschaftlichen Inhalts der wissenschaftlich-technischen Revolution wird logisch wie historisch deren wirklichem Wesen gerecht.

3.1. *Warum die durch die wissenschaftlich-technische Revolution veränderte Qualität der Produktivkräfte kommunistische gesellschaftliche Bewegungsformen verlangt (Literaturdiskussion)*

Wenn die tiefsten Ursachen des gesellschaftlichen Fortschritts in der materiellen Lebenstätigkeit der Menschen liegen, in ihrer Auseinandersetzung mit der Natur, in der Entwicklung der Produktivkräfte;

[6] J. D. Bernal, Welt ohne Krieg, a.a.O., S. 8/9.

wenn die Entwicklung der Produktivkräfte das revolutionärste Element der Produktionsweise ist; wenn die Produktivkräfte in der dialektischen Wechselwirkung mit den Produktionsverhältnissen das bestimmende Moment sind; wenn sie den Inhalt der Produktion bilden, die Produktionsverhältnisse deren gesellschaftliche Bewegungsform; wenn das höchste Kriterium für die Beurteilung der Progressivität der Produktionsverhältnisse darin besteht, inwiefern sie Entwicklungsformen der Produktivkräfte sind; wenn die Entwicklung der Produktivkräfte überhaupt das letztlich entscheidende Kriterium des gesellschaftlichen Fortschritts sind, die Anzeiger, unter welchen gesellschaftlichen Verhältnissen produziert wird – dann müßte es sich von selbst verstehen, daß die Analyse der *inneren* Widersprüche in der Entwicklung der Produktivkräfte, die Aufdeckung ihrer „inneren Logik"[7], der *Ausgangspunkt* für die Aufhellung der dialektischen Wechselwirkungen zwischen der Entwicklung der Produktivkräfte und der Produktionsverhältnisse sind.

Indes wird vor der Analyse der inneren Entwicklungswidersprüche der Produktivkräfte in der marxistisch-leninistischen Literatur mitunter mehr gewarnt, als für sie getan wird. Es wird ganz offensichtlich befürchtet, daß ein solches Herangehen uns in die Nähe des bürgerlichen Technizismus führen könnte, der häufig eine „Eigengesetzlichkeit" der Entwicklung der Produktivkräfte postuliert, die mit dem marxistisch-leninistischen Verständnis natürlich nicht zu vereinbaren sind und jeglicher geschichtlichen Erfahrung widersprechen. Typisch für solche Auffassungen sind z. B. die Behauptungen von Wilhelm Dettmering, Vorsitzender des „Vereines Deutscher Ingenieure" der BRD: „Die technologisch führenden Nationen der Welt stehen erschrocken vor der Erkenntnis, welche Macht in der Gestaltung des menschlichen Lebensraumes ihnen die Technologie in die Hand gegeben hat. Da sich die Technik vor allem in jüngster Vergangenheit weitgehend aus ihrer Eigendynamik heraus entwickelte, hat sie sich ... zunehmend von den aus gesellschaftlicher und sozialer Sicht wünschenswerten Zielsetzungen entfernt."[8] Selbstverständlich gibt es in diesem Sinne keine „Eigendynamik" der Entwicklung der Technik, der Produktivkräfte überhaupt; ihre Ziele und Zwecke werden immer durch die ökonomischen Interessen der Eigentümer an den Produktionsmitteln, d. h. durch die jeweils herrschenden Produktionsverhältnisse, bestimmt. Es handelt sich hier, wie beim bürgerlichen Technizismus überhaupt, um den Versuch, gesellschaftliche Ursachen bestimmter Entwicklungsprozesse zu *verbergen*, sie als „technisch bedingt" auszugeben und damit von den kapitalistischen

7 Autorenkollektiv (Leitung: F. W. Konstantinow), Grundlagen der marxistisch-leninistischen Philosophie, Berlin 1972, S. 306.

8 Wilhelm Dettmering, Die heutigen technischen Entwicklungen und die Anforderungen der Gesellschaft, Universitas, Stuttgart 30, 1975, H. 7, S. 717.

Produktionsverhältnissen als der eigentlichen Ursache gesellschaftlicher Mißstände abzulenken.

Wenn in der marxistisch-leninistischen Literatur von „einer inneren Logik" der Produktivkräfte gesprochen wird, dann ist etwas völlig anderes gemeint. Es ist damit die Aufdeckung der inneren Struktur der Entwicklung der Produktivkräfte, d. h. die Analyse ihrer Elemente und deren Beziehungen untereinander, sowie die Analyse der im Prozeß der Auseinandersetzung zwischen Mensch und Natur auftretenden Widersprüche und der gleichzeitigen Neusetzung von Widersprüchen gemeint, aus der sich eine bestimmte Entwicklungslogik der Produktivkräfte ergibt, die gesetzmäßige Aufeinanderfolge bestimmter Entwicklungsstufen der Produktivkräfte. Nur auf diese Weise kann überhaupt die wissenschaftlich-technische Revolution als ein objektiver, gesetzmäßiger Prozeß erklärt werden. Die objektive Notwendigkeit der Automatisierung läßt sich beispielsweise weder aus kapitalistischen noch aus sozialistischen Produktionsverhältnissen heraus erklären; sie ergibt sich daraus, daß *im Prozeß der Auseinandersetzung zwischen Mensch und Natur* die Anforderung an Geschwindigkeit und Präzision der für die Steuerung der technologischen Prozesse notwendigen Informationsverarbeitungen so groß geworden sind, daß sie das menschliche Arbeitsvermögen zu übersteigen beginnen. Würde diese Funktion der Informationsverarbeitung für die Zwecke der Steuerung und Regelung der Produktion nicht schrittweise den Maschinen selber übertragen, so würde die Entwicklung der Produktivkräfte einem toten Punkt entgegenlaufen.

Natürlich ist es richtig zu sagen, daß es „in der Realität des gesellschaftlichen Lebens der Menschen ... keine Produktivkräfte ohne Produktionsverhältnisse (gibt). Produktivkräfte existieren, funktionieren und entwickeln sich immer nur innerhalb der dialektischen Wechselbeziehungen mit den Produktionsverhältnissen. Wenn man die Produktivkräfte gesondert behandelt, so nimmt man immer eine Abstraktion vor."[9] Ebenso müßte man natürlich sagen, daß es in der Realität des gesellschaftlichen Lebens der Menschen keine Produktionsverhältnisse ohne Produktivkräfte gibt. Wichtiger scheint dagegen der Hinweis von Jürgen Kuczynski zu sein, der in einer Erwiderung an Wolfgang Jonas sagt: „Doch scheinst du mir, in dem Bestreben die dialektischen Beziehungen zwischen Produktivkräften und Produktionsverhältnissen aufzuzeigen und zu betonen, bisweilen soweit zu gehen, daß gelegentlich nicht mehr klar ist, was nun die letztlich entscheidend bewegende revolutionäre Kraft ist, die Produktivkräfte oder die Produktionsverhältnisse."[10] Dieser kritische

9 W. Eichhorn I, A. Bauer, G. Koch, Die Dialektik von Produktivkräften und Produktionsverhältnissen, a.a.O., S. 14.

10 Jürgen Kuczynski, Vier Revolutionen der Produktivkräfte, Theorie und Vergleiche, Berlin 1975, S. 182.

Einwand ist auch gegen bestimmte in dem Buch „Die Dialektik von Produktivkräften und Produktionsverhältnissen" vertretene Auffassungen zu erheben.

Die Verfasser dieses Buches verfolgen ein wichtiges Anliegen: Sie wollen die aktive Rolle der Produktionsverhältnisse in ihren dialektischen Wechselwirkungen mit der Entwicklung der Produktivkräfte hervorheben und die Differenziertheit, Vielfalt und Vielschichtigkeit dieser Wechselwirkungen aufdecken; sie wollen manche teilweise erstarrten Denkstrukturen aufbrechen, bestimmte vereinfachte Vorstellungen über die „Übereinstimmung" von Produktionsverhältnissen mit dem Charakter der Produktivkräfte widerlegen, welche in ihrer Konsequenz darauf hinauslaufen, diese Wechselwirkungen nicht als bewegte, dialektische Einheit, sondern als „tote Einheit" aufzufassen. In diesem Bemühen geben die Autoren viele wertvolle Denkanstöße; sie treiben aber die Differenzierung in den Wechselwirkungen zwischen Produktivkraft und Produktionsverhältnissen so weit, daß die bestimmende Rolle der Produktivkräfte nicht mehr sichtbar wird und kommen damit wieder zu eigentlich undialektischen, vereinfachten Thesen, welche wesentliche Aussagen der materialistischen Geschichtsauffassung verdunkeln. Wenn z. B. gesagt wird, daß die Abhängigkeit der Produktionsverhältnisse von den Produktivkräften eine dialektische sei und deshalb auch eine Abhängigkeit der Produktivkräfte von den Produktionsverhältnissen einschließe[11], wenn das Umschlagen der Produktionsverhältnisse aus Entwicklungsformen in Fesseln der Produktivkräfte nicht so verstanden werden dürfe, als ob es auf der einen Seite bewegliche und dynamische Produktivkräfte und auf der anderen Seite demgegenüber sich langsamer verändernde Produktionsverhältnisse gäbe (daß diese Produktionsverhältnisse nicht „leblos", passiv, starre Rahmen für die Entwicklung der Produktivkräfte sind, hat niemals jemand behauptet); wenn solche Widersprüche zwischen Produktivkräften und Produktionsverhältnissen auch bedeuten sollen, daß diese Produktionsverhältnisse immer mehr mit sich selbst in Widerspruch geraten – dann liegen hier Relativierungen der Beziehungen zwischen Produktivkräften und Produktionsverhältnissen vor, die die wirklichen Quellen, Ursachen der Höherentwicklung der Produktivkräfte nicht mehr deutlich machen. Einen gewissen Knotenpunkt in der Argumentation gegen die bestimmende Rolle der Produktivkräfte gegenüber den Produktionsverhältnissen stellen die Darlegungen der Autoren auf S. 161 des angeführten Buches dar. Hier polemisieren sie eigentlich gegen alle denkbaren (bzw. in der Literatur bislang angewandten) verbalen Charakterisierungen, die die bestimmende Rolle

[11] Wolfgang Eichhorn I, Adolf Bauer, Gisela Koch, Die Dialektik von Produktivkräften und Produktionsverhältnissen, a.a.O., S. 130.

der Produktivkräfte gegenüber den Produktionsverhältnissen ausdrücken könnten; sie sind sowohl gegen die Begriffe „Übereinstimmung – Nichtübereinstimmung“ der Produktionsverhältnisse mit dem Charakter der Produktivkräfte als auch gegen die Verwendung des Begriffs „Entsprechung“ o. ä.; und zwar deswegen, weil solche Charakterisierungen „die reichere, übergreifende, dialektische Gesamtbewegung auf eines ihrer Momente reduziert und sie so zerstückelt und verdeckt“. Dies ist in der Tat der Kern der Sache: Für die Autoren ist die Übereinstimmung bzw. Nichtübereinstimmung der Produktionsverhältnisse mit dem Charakter der Produktivkräfte und damit die bestimmende Rolle der Produktivkräfte gegenüber den Produktionsverhältnissen nur ein Moment der Gesamtbewegung. Es handelt sich hier aber nicht um *ein* Moment, sondern um das *entscheidende* Moment, das man eben nicht, wie die Verfasser dies in der Tat tun, hinter dem „Gesamtprozeß“, dem „komplexen gesetzmäßigen Zusammenhang“ durch ein Geflecht von „Wechselwirkungen“ zerstükkeln und verdecken darf. Es wird dann eigentlich überhaupt nicht mehr klar, *weshalb* bestimmte gesellschaftliche Formen durch andere, eben mit den Produktivkräften übereinstimmende, abgelöst werden müssen. Geradezu zwingend führt diese Auffassung zur Ablehnung des Gesetzes der Übereinstimmung der Produktionsverhältnisse mit dem Charakter der Produktivkräfte und dessen Ersetzung durch ein so nichtssagendes „Gesetz“ wie die „Entwicklung der Produktionsverhältnisse in ihrer Wechselwirkung mit der Entwicklung der Produktivkräfte“. Hier ist die bestimmende Rolle der Produktivkräfte im gesellschaftlichen Entwicklungsprozeß völlig ausgelöscht. Ganz offensichtlich handelt es sich hier nicht einfach um eine Frage, die für das theoretische Gebäude der marxistisch-leninistischen Philosophie wichtig ist, sondern um eine Kernfrage für das Verständnis der Dialektik des Geschichtsprozesses überhaupt.

Es gehört zu den fundamentalen Erfahrungen, die der gesamte Prozeß der Gestaltung der entwickelten sozialistischen Gesellschaft vermittelt, daß die Höherentwicklung der sozialistischen Gesellschaft insgesamt und in *allen* ihren Lebensbereichen letztlich auf der Höherentwicklung der Produktivkräfte beruht. Dies ist die wichtigste objektive Grundlage der zunehmenden Reife der sozialistischen Gesellschaft, der Entfaltung ihrer Vorzüge und Triebkräfte. Im Rechenschaftsbericht des ZK an den IX. Parteitag der SED sagte Erich Honecker: „Wir stützen uns auf das solide Fundament wachsender volkswirtschaftlicher Leistungen und der dazu erforderlichen Entwicklung der Produktivkräfte ... Es gehört zu den fundamentalen Erkenntnissen des Marxismus-Leninismus, daß jeder gesellschaftliche Fortschritt auf der Entwicklung der Produktivkräfte beruhen muß. In diesem Sinne verfolgt unsere Partei im Interesse der Sicherung unserer auf das Wohl des Volkes gerichteten Ziele eine weit vorausschauende Politik."[12] Im Bericht des Zentralkomitees an den X. Parteitag der SED bekräftigte Erich Honecker: „Das Zentralkomitee hat stets die Stärkung der materiell-technischen Basis, das Wirtschaftswachstum und die Steigerung der Arbeitsproduktivität als zentrale Aufgaben der Gestaltung der entwickelten sozialistischen Gesellschaft behandelt."[13] Es müsse – so hob Genosse Honecker auf der 10. Tagung des Zentralkomitees (April 1979) hervor – durch die ideologische Arbeit überall ein Klima geschaffen werden, in dem die Stärkung der materiell-technischen Basis überall als eine Lebensfrage des Volkes gewertet wird.[14]

Ein solches tiefes Verständnis der Bedeutung, die der Höherentwicklung der Produktivkräfte im Prozeß der Gestaltung der entwickelten sozialistischen Gesellschaft zukommt, ist auch deshalb wichtig, um den Bemühungen der bürgerlichen Ideologen wirksam zu begegnen, welche ihren Wachstums- und Technikpessimismus zielstrebig gegen unsere Weltanschauung und unsere Politik ins Feld zu führen versuchen. Am liebsten wäre unseren Gegnern ganz sicher ein Sozialismus ohne Wachstum.

Die Aufdeckung der realen Dialektik in den Beziehungen zwischen Produktivkräften und Produktionsverhältnissen erfordert natürlich die Aufdeckung der inneren Entwicklungsgesetzmäßigkeiten der Produktivkräfte. Es ist sicher nicht zufällig, daß in dem angeführten Buch von Eichhorn I, Bauer und Koch die Formulierung „innere Logik der Entwicklung der Produktivkräfte" fehlt; in diesem Buche werden überhaupt diejenigen Ursachen der Höherentwicklung der Produktivkräfte nicht genannt, die in diesen selber liegen.

Die Ursachen für die Höherentwicklung der Produktivkräfte liegen zunächst nicht in den Produktionsverhältnissen, auch nicht in der Wechselwirkung zwischen Produktionsverhältnissen und Produktivkräften, sondern in den Produktivkräften selber, in den realen Widersprüchen, die im Prozeß der Auseinandersetzung zwischen Mensch und Natur entstehen und deren Lösung eben die Höherentwicklung der Produktivkräfte bewirkt.

A. I. Krylow hatte bereits in den fünfziger Jahren darauf hingewiesen, daß die Versuche, die Entwicklung der Produktivkräfte nur aus den Produktionsverhältnissen zu erklären, zu einem ausweglosen Kreis führen, nämlich zu der Konsequenz, die Entwicklung der

[12] Bericht des Zentralkomitees der Sozialistischen Einheitspartei Deutschlands an den IX. Parteitag der SED, Berichterstatter: Erich Honecker, Berlin 1976, S. 69.

[13] Bericht des Zentralkomitees der Sozialistischen Einheitspartei Deutschlands an den X. Parteitag der SED, Berichterstatter: Erich Honecker, a.a.O., S. 34.

[14] 10. Tagung des ZK der SED, Aus dem Schlußwort des Genossen Erich Honecker, Berlin 1979, S. 193.

Produktivkräfte aus den Produktionsverhältnissen und die Entwicklung der Produktionsverhältnisse wiederum aus den Produktivkräften ableiten zu wollen.[15] Auf diese Weise wird eigentlich überhaupt nichts erklärt; die wirklichen entscheidenden Ursachen der Höherentwicklung der Produktivkräfte werden nicht deutlich, und das ist natürlich unvermeidlich, wenn die Produktivkräfte faktisch als etwas Passives aufgefaßt werden. Die vor allem in der sowjetischen gesellschaftswissenschaftlichen Literatur seit vielen Jahren geführte Diskussion über die Ursachen der Entwicklung der Produktivkräfte hat zu überzeugenden Ergebnissen geführt. So unterscheidet W. G. Marachow zwischen unmittelbaren und mittelbaren Ursachen der Höherentwicklung der Produktivkräfte. Zu den unmittelbaren Ursachen, die er auch als Quellen der Entwicklung der Produktivkräfte bezeichnet, gehören nach ihm die inneren Entwicklungsprozesse der Produktivkräfte, genauer: die konkrete, gebrauchswertschaffende Arbeit als widersprüchlicher Prozeß des Zusammenwirkens der Menschen mit den Arbeitsmitteln und Arbeitsgegenständen. Zu den mittelbaren, über die unmittelbaren Faktoren – über die menschliche Arbeitstätigkeit – wirksam werdenden Ursachen gehören die spezifischen Produktionsverhältnisse, die die Triebkraft der Entwicklung der Produktivkräfte sind. Ziele, Zwecke und Triebkräfte der Höherentwicklung der Produktivkräfte werden ausschließlich durch die jeweiligen Produktionsverhältnisse bestimmt.[16]

4. Zum Gegensatz zwischen marxistisch-leninistischen und den bürgerlichen Auffassungen von den Entwicklungsgesetzmäßigkeiten der Produktivkräfte

4.1. *Kritische Bemerkungen zu nichtmarxistischen gesellschaftspolitischen Entwicklungskonzeptionen*

Die Herausarbeitung und die Begründung der bestimmenden Rolle der Produktivkräfte in ihrem dialektischen Wechselverhältnis mit den Produktionsverhältnissen ist die wichtigste Voraussetzung für eine überzeugende Widerlegung antimarxistischer Auffassung zu grundlegenden Fragen der gesellschaftlichen Entwicklung. So weist A. M. Rumjanzew nach, daß der politischen Strategie und Taktik

[15] A. I. Krylow, Über die Widersprüche in der Entwicklung der Produktivkräfte, in: Sowjetwissenschaft. Gesellschaftswissenschaftliche Beiträge, 1/1958, S. 121/122.

[16] W. G. Marachow, Struktur und Entwicklung der Produktivkräfte in der sozialistischen Gesellschaft, Berlin 1972, S. 158 f.

Mao Ze-dongs eine mechanistische Auffassung von den Wechselwirkungen zwischen den Produktivkräften und den Produktionsverhältnissen zugrunde lag. An die Stelle der wissenschaftlichen Analyse der objektiven Dialektik in den Beziehungen zwischen den Produktivkräften und den Produktionsverhältnissen wird ein willkürliches Spiel mit Begriffen gesetzt. Mao Ze-dong versuchte nachzuweisen, daß in jedem Widerspruch einer Seite die bestimmende Rolle zukomme und diese bestimmende Seite beständig wechsele. Auf diese Weise verwandelt sich jeder Entwicklungsprozeß in einen mechanischen Wechsel des Platzes der Gegensätze. Hiervon ausgehend, zog er die Schlußfolgerung, daß in den Beziehungen zwischen den Produktivkräften und den Produktionsverhältnissen, zwischen der ökonomischen Basis und dem gesellschaftlichen Überbau einmal die Produktivkräfte und ein anderesmal die Produktionsverhältnisse (bzw. einmal die ökonomische Basis und ein anderesmal der gesellschaftliche Überbau) die bestimmende Rolle spielten. Letztlich ging es gar nicht um den Nachweis, daß die Produktionsverhältnisse in bezug auf die Produktivkräfte *gelegentlich* die bestimmende Rolle spielen würden, sondern daß ihnen grundsätzlich diese bestimmende Rolle zukomme. Diese idealistische Position war die theoretische Begründung für den Subjektivismus in der Politik; hierauf basierten die Versuche, „kommunistische Produktionsverhältnisse" ohne Rücksicht auf den Entwicklungsstand der Produktivkräfte „einzuführen" die Politik der Volkskommunen zu begründen, das Gesetz der Verteilung nach der Arbeitsleistung zu diskreditieren und die Ware-Geld-Beziehungen als kapitalistische Überbleibsel zu diffamieren.[17]

Um die bürgerlichen und rechtsreformistischen gesellschaftspolitischen Konzeptionen in ihrem wesentlichen theoretischen Kern überzeugend zu widerlegen, ihre idealistischen Positionen nachzuweisen, ist es gleichfalls notwendig, von einer gründlichen Analyse der inneren Entwicklungsprozesse der Produktivkräfte auszugehen. Auf eine andere Art und Weise ist die Frage, ob die kapitalistischen Produktionsverhältnisse historisch überlebt sind, wissenschaftlich nicht zu beweisen.

Die marxistisch-leninistische These, daß die Produktionsverhältnisse sich im Prozeß der historischen Entwicklung einer auf dem Privateigentum beruhenden Produktionsweise allmählich aus Entwicklungsformen der Produktivkräfte in Fesseln für die Entwicklung der Produktivkräfte verwandeln, bedeutet ja nicht, daß sich primär der Charakter und die Qualität der Produktionsverhältnisse verändern. Sie bedeutet vielmehr, daß *sich die Qualität der Produktivkräfte wandelt*, und zwar derart, daß sie zunächst in ihren wesentlichen Momen-

[17] Siehe A. M. Rumjanzew, Quellen und Entwicklung der „Ideen Mao Zedongs", Berlin 1973, S. 41/42.

ten, in ihren objektiven Erfordernissen und Entwicklungsbedingungen den herrschenden Produktionsverhältnissen entsprechen; d. h., es besteht eine gewisse innere Verwandtschaft, Übereinstimmung zwischen den durch die Produktionsverhältnisse bestimmten Zielen und Triebkräften der Produktion und den Erfordernissen der Produktivkraftentwicklung: Im Ergebnis der inneren Logik ihrer Entwicklung verändert sich allmählich die Qualität der Produktivkräfte derart, daß ihre allgemeinen Erfordernisse und Entwicklungsbedingungen den Produktionsverhältnissen mehr und mehr widersprechen. Dies bedeutet, daß bei dem Übergang von der Übereinstimmung zwischen Produktivkräften und Produktionsverhältnissen zur Nichtübereinstimmung die qualitativen Veränderungen sich nicht in den Produktionsverhältnissen, sondern in den Produktivkräften vollziehen. Aber dieses nachzuweisen ist nur möglich, wenn den qualitativen Wandlungen in den Produktivkräften selbst nachgegangen wird. Erst auf diesem Wege lassen sich die objektiven Grundlagen und Bedingungen der Veränderungen der Produktionsverhältnisse selbst erklären; sowohl die Notwendigkeit der Ablösung einer Gesellschaftsformation durch die folgende als auch die Notwendigkeit und die Richtungen der Vervollkommnung der sozialistischen Produktionsverhältnisse im Prozeß der zunehmenden Reife des Sozialismus. Die Veränderungen der gesellschaftlichen Formen der Produktion, der Produktionsverhältnisse, sind ohne sorgfältige Analyse der objektiven Entwicklungstendenzen des Inhalts der Produktion, der Produktivkräfte, natürlich nicht zu begründen. Es ist nicht möglich, zum Beispiel die komplizierter werdende Struktur der sozialistischen Produktionsverhältnisse ausreichend zu begründen, wenn bei der Charakterisierung der Produktivkräfte nicht über das hinausgegangen wird, was Marx im „Kapital“ über die einfachen Elemente des Arbeitsprozesses gesagt hat, d. h. über die Arbeitsmittel, Arbeitsgegenstände und technologischen Verfahren. Viel mehr war in manchen Lehrbuch zur Politischen Ökonomie des Sozialismus über die Entwicklung der Produktivkräfte früher nicht zu erfahren. In methodologischer Hinsicht unterscheiden sich solche Darstellungen der Politischen Ökonomie des Sozialismus vom „Kapital“ oder von Lenins Schrift „Der Imperialismus als höchstes Stadium des Kapitalismus“ vor allem dadurch, daß die Klassiker des Marxismus-Leninismus der Analyse der inneren Entwicklungslogik der Produktivkräfte und ihren Wechselwirkungen mit der Entwicklung der Produktionsverhältnisse wesentlich mehr Aufmerksamkeit geschenkt haben, daß sich die von ihren begründeten Thesen organisch aus der Analyse dieser Wechselwirkungen ergeben. Man denke hier zum Beispiel an die Begründung des relativen Mehrwerts durch Marx, die eine tiefdringende theoretische Analyse der kapitalistischen Kooperation, der Manufaktur und schließlich der klassischen Maschinerie einschließt. Ebenso beruhen, wie besonders deutlich aus den „Heften zum Imperialismus" zu ersehen ist, die Hauptthesen der Leninschen Theorie über den Imperialismus auf einer sehr gründlichen Analyse der Entwicklungstendenzen der Produktivkräfte um die Jahrhundertwende und im ersten Jahrzehnt unseres Jahrhunderts, der hiermit zusammenhängenden Prozesse der Konzentration der Produktion und des Kapitals.

Ganz offensichtlich spielen Versuche einer Interpretation der qualitativen Veränderungen der Technik, ihrer gegenwärtigen und künftigen Entwicklungstendenzen in der bürgerlichen Ideologie eine wachsende Rolle. So wird z. B. die These verbreitet, daß es zwischen dem Kapital einerseits und der modernen Naturwissenschaft und Technik andererseits eine qualitative Entsprechung, eine innere Verwandtschaft, eine sogenannte „strukturelle Affinität" gebe, d. h. eine „Ähnlichkeit", wechselseitige „Anziehung", die sich im Zusammenspiel einer Vielzahl von Komponenten äußere, welche sich untereinander beeinflussen, und so eine Struktur bilden.[18] Diese „strukturelle Affinität" von Kapital und Naturwissenschaft wird z. B. darin gesehen, daß sich *beide* gegen ihre Zwecke gleichgültig verhielten, durch eine „offene Zweckstruktur" gekennzeichnet seien; ebensowenig wie der Naturwissenschaftler sich für das „wofür?" interessiere und nur für die Frage „wie?", ebenso gleichgültig sei dem Kapital das, was es produziere. Dem Kapital sei das Arbeitsprodukt und der Arbeitsinhalt gleichgültig. Gemeinsam seien der kapitalistischen Industrie wie der Naturwissenschaft auch die Methode der Analyse, des Zerlegens (z. B. in verschiedene Arbeitsoperationen) und schließlich die Synthese, das Zusammenfügen. Für das Kapital sei die äußere Steuerung des Arbeitsprozesses charakteristisch; jede „eigene", unkontrollierte Bewegung des Arbeiters gefährde das Verwertungsinteresse des Kapitals: Diese Trennung von Hand- und Kopfarbeit komme dem Charakter der Naturwissenschaft entgegen, die immer zugleich auch „Herrschaftswissen" gewesen sei. Wissenschaft und wissenschaftliche Tätigkeit als solche besäßen ein „strukturelles Klassenmerkmal".[19] Das „Herrschaftsmotiv" sei immer ein notwendiges Strukturmerkmal der Wissenschaft, und eine gesamtgesellschaftliche humanistische Orientierung der Naturwissenschaft sei immer nur von kurzer Dauer gewesen. Auf diese Weise ergebe sich, daß der wissenschaftlich-technische Fortschritt ebenso hemmungslos wie der Kapitalismus sei, daß in der Tendenz „die naturwissenschaftliche Technik nicht vom Kapital in eine ungewollte Entwicklungsrichtung gedrängt (werde) ... Die wissenschaftliche motivierte Beherrschung der Natur und die kapitalistisch motivierte Beherrschung des Produktionsprozesses haben eine hohe strukturelle Ähnlichkeit."[20] Wissenschaft und Technik „fin-

[18] Ulrich, Technik und Herrschaft, a.a.O., S. 52.

[19] Ebenda, S. 66.

[20] Ebenda, S. 138.

den in der kapitalistischen Produktion ihren idealen Nährboden".[21] Vom Marxismus-Leninismus werde dieses dem Wesen der Naturwissenschaft entsprechende Herrschaftsmotiv übersehen, woraus eine unkritische und naive Einstellung zur Naturwissenschaft resultiere.

Die Schlußfolgerungen, die aus solchen Auffassungen gezogen werden, können natürlich recht verschieden sein, und sie sind es auch: entweder wird diese Entsprechung von Kapitalismus und moderner Technik, ihre Wesensverwandtschaft für die platte Apologie der kapitalistischen Produktionsweise verwandt, oder es wird die Überwindung der negativen Folgen „des Kapitalismus wie der modernen Technik" in der Schaffung einer neuen Technik gesehen.

4.2. *Zu einigen technizistischen Auffassungen bürgerlicher Ideologen*

Anhänger solcher Auffassungen, denen zufolge gesellschaftliche Veränderungen primär durch qualitative Veränderungen der Technik bewirkt werden müßten, sind vor allem Robert Jungk und E. F. Schumacher. Die Vertreter dieser Auffassung fordern die Beseitigung der sogenannten „harten Technik" und den Übergang zu einer „sanften Technik". Von der harten Technik wird gesagt, „sie habe sich von ihrer eigentlichen Bestimmung, dem Menschen zu dienen, gelöst und sich verselbständigt, sie rechtfertige sich durch Sachzwänge; die Folge seien entfremdete Arbeit und die Anpassung des Menschen an Maschinen; dadurch verschleiße sich der Mensch im Produktionsprozeß, deshalb sei Technik heute weitgehend unsozial und inhuman, sie unterdrücke die gesellschaftlich Schwachen und die nicht voll Leistungsfähigen, wie Frührentner, Alte, Kranke, Gastarbeiter und auch die Kinder. Dieser Entwicklung liege das überall herrschende Profitstreben zugrunde. Deshalb würden immer teurere und gigantischere technische Vorhaben ausgeführt, werde die Technik als Allheilmittel propagiert, werde die Welt mit unnötigen und minderwertigen Produkten überschwemmt, was die Vergeudung menschlicher und natürlicher Ressourcen bewirke, was zu einer schleichenden Vergiftung der Lebensumwelt führe, wodurch das ökologische Gleichgewicht der Erde gefährdet würde."[22] Wohlgemerkt, alle diese gesellschaftlichen Übel werden direkt der Technik angelastet; und die Autoren weisen ausdrücklich darauf hin, daß sich diese Technik im Kapitalismus und Sozialismus angeblich kaum voneinander unterscheide, weshalb auch die sozialen Übel in diesen beiden Gesellschaftsord-

[21] Ebenda, S. 140.

[22] Prokol-Gruppe Berlin, Der sanfte Weg. Technik in einer neuen Gesellschaft, Stuttgart 1976, S. 13.

nungen die gleichen sein müßten. Dem Sozialismus unterstellen sie, daß er in der Erfüllung der Marxschen Forderung nach Aufhebung der Entfremdung des Menschen bisher versagt habe; er weise „ähnliche Züge der Umwelt- und Menschzerstörung auf wie der Kapitalismus".[23] Und als Ausweg wird eben eine grundlegende Veränderung der Qualität, des Typs der Technik empfohlen, der Übergang zur „sanften Technik". Dies sei eine „mittlere" oder „dörfliche" oder „menschliche" oder „ökologische" Technik – eine Landwirtschaft z. B. ohne mineralischen Dünger, die mit Hilfe von Windrädern und ähnlichen Elektroenergie produziert usw.

E. F. Schumacher meint: „Immer größere Maschinen, die immer größere Zusammenschlüsse wirtschaftlicher Macht bedingen und immer größere Gewalt gegen die Umwelt anwenden, stellen keinen Fortschritt, sondern eine Verneinung der Vernunft dar. Vernunft verlangt eine neue Hinwendung der Wissenschaft und Technik zum Organischen, Sanften, Gewaltlosen, Anmutigen und Schönen. . . . Wie also ließe Frieden sich auf rücksichtslose Wissenschaft und gewalttätige Technik gründen? Wir müssen nach einer technischen Revolution suchen, die uns Erfindungen und Maschinen gibt, mit deren Hilfe wir uns jetzt aller bedrohenden zerstörerischen Kräfte erwehren können. Was verlangen wir also von Wissenschaftlern und Technikern?

Ich meine: wir brauchen Verfahren und Anlagen, die

- so billig sind, daß sie für jeden erschwinglich,
- für eine Anwendung im kleinen Rahmen verwendbar und
- mit dem Bedürfnis des Menschen nach schöpferischem Tun vereinbar sind."[24]

All dies bedeute eine Rückkehr *„zum eigentlichen Menschenmaß.* Der Mensch ist klein, und daher ist klein schön. Wer auf Riesenhaftigkeit setzt, der setzt auf Selbstzerstörung."[25]

Das Utopisch-Illusionäre solcher Auffassungen liegt auf der Hand; eine Rückkehr zu den mittelalterlichen, handwerklichen Dimensionen der Technik kann es nicht geben. Würde dies ernsthaft versucht, würden die Lebensnöte großer Menschenmassen drastisch vergrößert werden, die Verschlechterung der Umweltbedingungen eingeschlossen.[26]

[23] Ebenda, S. 28.

[24] E. F. Schumacher, Die Rückkehr zum menschlichen Maß, Reinbeck b. Hamburg 1977, S. 29/30.

[25] Ebenda, S. 144.

[26] Es ist wiederholt und zu Recht darauf hingewiesen worden, daß die Verfechter einer „kleinen", „sanften" Technik die natürlichen Umweltbedingungen der Menschen im vorindustriellen Zeitalter in allzu rosigem Lichte sehen. Realistische Schilderungen von Zeitgenossen belegen immer wieder, daß diese Umweltbedingungen für die heutigen Menschen industriell entwickelter Länder geradezu unannehmbar wären. Man lese die Schilderun-

Es ist nicht zu übersehen, daß unter den Verfechtern einer „sanften Technik", „alternativer Lebensformen", eines planvollen Schutzes der natürlichen Umwelt sich viele Menschen befinden, die ein tiefes Gespür für die sozialen Mängel der kapitalistischen Ordnung und der ihr zugehörigen Lebensweise haben; daß sie zu denen gehören, die sich vom System der allseitigen Manipulierung der Menschen im Kapitalismus nicht einfangen lassen wollen, nach wirklichen Auswegen suchen, sich von humanistischen Bestrebungen leiten lassen. Um so wichtiger ist der Dialog über die realen *Ursachen* all der Übel, welche sie so engagiert zu bekämpfen suchen.

Die Irrigkeit solcher Auffassungen, welche eine „Affinität" von Kapital und moderner Naturwissenschaft und Technik behaupten, besteht vor allem darin, daß Wesenseigenschaften des Kapitals bzw. soziale Wirkungen kapitalistischer Anwendung der Technik eben schlechthin der Technik angelastet bzw. in die Technik hineingedeutet werden. Weder die Naturwissenschaft noch das Kapital besitzen eine „offene Zweckstruktur"; der Zweck des Kapitals ist seine maximale Verwertung, und dem werden eben unter kapitalistischen Produktionsverhältnissen auch Wissenschaft und Technik *unterworfen*. Die Beseitigung der von den Vertretern der „sanften" Technik so häufig und so drastisch charakterisierten sozialen Übel erfordert wirklich demokratische Verhältnisse, die Beseitigung der Allmacht der Monopole, vor allem die Verhinderung der Aufrüstungspolitik. Die Behauptung, daß mit der Aufhebung des kapitalistischen Privateigentums die sozialen Übel nicht behoben werden können, weil eben die Technik die gleiche sei, beruht auf einem Übermaß an Ignoranz, auf der Entstellung der wirklichen Tatbestände. Diese technizistischen Konzeptionen sind deshalb falsch, weil sie die wirklichen Ursachen der sozialen Übel nicht aufdecken, die sie zu bekämpfen vorgeben, sondern diese Ursachen vielmehr verdunkeln.

Die praktischen Erfahrungen besagen ganz eindeutig, daß es für das Vorhandensein oder Nichtvorhandensein von Arbeitslosigkeit, sozialer Unsicherheit, Existenzangst, Analphabetentum, Irrationalismus, Drogensucht und Kriminalität als Massenerscheinungen nur einen verläßlichen Indikator gibt: Das Vorhandensein oder Nichtvorhandensein von gesellschaftlichem Eigentum an den Produktionsmitteln. Existiert gesellschaftliches Eigentum an den Produktionsmitteln, gibt es Analphabetentum als Massenerscheinung nicht, wie zum Beispiel

gen von L. S. Mercier über das Paris des 18. Jahrhunderts, zum Beispiel über die im wirklichen Sinne katastrophalen hygienischen Bedingungen in dieser Großstadt, die weder Wasserleitung noch Kanalisation besaß (siehe: Louis Sebastian Mercier, Mein Bild von Paris, Leipzig 1976, vor allem die Kapitel: Verpestete Luft, Wasserträger, Die Nachtbrigade, Das Geschäft mit dem Wasser, Ratten, Das Pariser Wasser und die Spekulanten).

in Kuba; dort, wo es gesellschaftliches Eigentum nicht gibt, kann das Analphabetentum nicht ausgerottet werden, wie zum Beispiel in den USA, wo etwa zehn Prozent der Erwachsenen lese- und schreibunkundig sind, oder in der BRD, wo viele Kinder der Gastarbeiter unter dieser Geißel leiden. Es gibt eine relativ eindeutige Korrelation zwischen dem durchschnittlichen (quantitativen) Niveau des materiellen Lebensstandards und dem durchschnittlichen technisch-ökonomischen Niveau der Produktion; es gibt aber keine solche Korrelation zwischen den qualitativen Merkmalen der sozialen Lebensumstände der Massen und dem Entwicklungsniveau der Technik.

Die Beziehungen zwischen Mensch und Natur, zwischen Mensch und Technik werden primär und direkt durch die Eigentumsverhältnisse und die ihnen entsprechenden politischen Machtverhältnisse bestimmt. Es gibt keine Wirkungen der Technik auf gesellschaftliche, soziale Prozesse gewissermaßen an den Eigentums- und Machtverhältnissen vorbei; es gibt auch nicht das „teils-teils" der Wirkungen sowohl der Technik wie der Eigentumsverhältnisse auf die sozialen Entwicklungsprozesse, wie dies der Vorstellung von der bösen Eigennatur der Naturwissenschaft und Technik zugrunde liegt.

Die Behauptung, daß der Naturwissenschaft und Technik eine innere „Herrschaftsstruktur" eigen sei, daß die technischen Objekte Macht tragen, „sie selbst, nicht ihre Erfinder, Hersteller, Nutznießer",[27] ist der Versuch einer theoretischen Begründung, Rechtfertigung eines objektiv falschen Scheins. An der Oberfläche der gesellschaftlichen Wirklichkeit erscheint die Macht des Kapitals über die Arbeit als Macht der Maschine über den Menschen, als Herrschaft der toten Arbeit über die lebendige. Dieser das innere Wesen der kapitalistischen Herrschaftsstrukturen verdeckende Schein ist nicht einfach eine subjektive Täuschung, ein Irrtum; er besitzt vielmehr objektiven Charakter; d. h., die realen Prozesse, die unmittelbaren praktischen Erfahrungen selbst verhüllen das Wesen der Dinge. Die Herrschaft des Kapitals über die Arbeit realisiert sich unmittelbar nicht nur als Herrschaft von Menschen über Menschen, sondern als Herrschaft komplizierter technischer Systeme und Organisationsgebilde über den arbeitenden Menschen. Natürlich entspricht es zutiefst den Klasseninteressen der Bourgeoisie, diese die Herrschaft des Kapitals vermittelnden Glieder – Technik, Technologie und Organisation – mit Eigenleben, Eigenzwecken auszustatten und so die wirklichen herrschenden sozialen Gruppen abzuschirmen. Solche Behauptungen wie die folgende von Herbert Marcuse sind objektiv nichts anderes als glatte Apologie des Kapitals: „Nicht erst ihre Verwendung, sondern schon die Technik ist Herrschaft (über die Natur und über den Menschen), methodische, wissenschaftliche, berechnete und

[27] Friedrich Dessauer, Streit um die Technik, Frankfurt/a. M. 1956, S. 149.

berechnende Herrschaft. Bestimmte Zwecke und Interessen der Herrschaft sind nicht erst ‚nachträglich' und von außen der Technik oktroyiert – sie gehen schon in die Konstruktion des technischen Apparats selbst ein."[28] Selbstverständlich werden die konkreten Zwecke und Ziele wissenschaftlicher Forschung und technischer Entwicklung nicht erst nachträglich oktroyiert; aber das heißt doch nicht, daß die Technik selber Herrschaft ist, daß sie gewissermaßen ihre eigenen Zwecke setzt. Niemand kann heute ernsthaft bestreiten, daß von der wissenschaftlichen Forschung bis in die Universitäten hinein, bis in die Bereiche der Grundlagenforschung in den kapitalistischen Ländern ökonomische Orientierungen vorgegeben werden, die den Verwertungsinteressen vor allem der Monopole entsprechen; daß den Forschungseinrichtungen der Monopole, noch mehr den Investitionsprozessen glasklare, eindeutige und im allgemeinen sehr hohe Zielstellungen *vorgegeben* werden, die keineswegs irgendwie aus der „Herrschaftsstruktur der Technik oder der Naturwissenschaft" abgeleitet sind, sondern ausschließlich aus den Verwertungsbedürfnissen des Kapitals. Dieses System der Dirigierung wissenschaftlicher Forschung und technischer Entwicklung im Interesse der Kapitalverwertung ist heute allumfassend, perfekt, es funktioniert von längerfristigen strategischen Orientierungen bis in die detaillierten Vorgaben für das einzelne Objekt. Ganz offensichtlich ist ahnungslose Naivität die Mindestvoraussetzung für die Propagierung solcher Thesen von der „Herrschaftsstruktur der Naturwissenschaft und Technik".

Der Gegensatz zwischen der marxistisch-leninistischen Auffassung von den Entwicklungsgesetzmäßigkeiten der Produktivkräfte und den antimarxistischen, antisozialistischen Auffassungen besteht also nicht darin, daß der Marxismus-Leninismus etwa keine „innere Logik" der Entwicklung der Produktivkräfte anerkennen würde, auch nicht darin, daß nach unserer Auffassung etwa die Produktivkräfte eine passive Rolle spielen, daß ihre gesellschaftlichen Wirkungen gewissermaßen *nur* durch die jeweilige – durch die Produktionsverhältnisse und Machtverhältnisse bestimmte – Anwendungsweise determiniert seien. Der prinzipielle Gegensatz von bürgerlicher und marxistisch-leninistischer Auffassung über die „Eigengesetzlichkeit der Technik", die „innere Logik" in der Entwicklung der Produktivkräfte besteht in folgendem: Nach unserer Auffassung kann aus der inneren Logik der Entwicklung der Produktivkräfte *unmittelbar* nur auf Entwicklungstendenzen der Produktivkräfte selbst, nicht auf soziale Entwicklungsprozesse geschlußfolgert werden. Dies bedeutet zum Beispiel, daß die Automatisierung oder auch die wissenschaftlich-technische Re-

[28] Herbert Marcuse, Industrialisierung und Kapitalismus, in: Max Weber und die Soziologie heute, Verhandlungen des 15. Deutschen Soziologentages, Tübingen 1965, S. 179.

volution als gesetzmäßige Entwicklungsprozesse nur aus der Analyse der inneren Widersprüche in der Entwicklung der Produktivkräfte abgeleitet werden können. Die „Eigengesetzlichkeit der Technik" im Verständnis der bürgerlichen Ideologie ist etwas ganz anderes; sie schließt Ziele, Zwecke und Triebkräfte der technischen Entwicklung ein; aus ihr werden direkt soziale Entwicklungsprozesse abgeleitet. Der Gegensatz zwischen bürgerlicher und marxistisch-leninistischer Auffassung in dieser Frage besteht darin, daß unserer Meinung nach die Produktivkräfte zwar die Notwendigkeit und die grundsätzliche Möglichkeit bestimmter gesellschaftlicher Verhältnisse begründen, nicht aber ihre *Wirklichkeit*. Dies bedeutet auch, daß die Ziele und Triebkräfte der Entwicklung der Produktivkräfte *nicht* in ihnen selbst (auch nicht partiell) begründet sind, sondern ausschließlich in den Eigentumsverhältnissen, den politischen Machtverhältnissen. Selbstverständlich gehen von der Entwicklung der Produktivkräfte bestimmte objektive *Erfordernisse* an die Beschaffenheit der gesellschaftlichen Verhältnisse aus. Die Übereinstimmung oder Nichtübereinstimmung dieser Erfordernisse der Entwicklung der Produktivkräfte mit der Beschaffenheit der jeweiligen Produktionsverhältnisse bestimmt, ob die Produktionsverhältnisse Entwicklungsformen oder Fesseln für die Entwicklung der Produktivkräfte sind. Und hierin besteht ein weiterer grundsätzlicher Unterschied zwischen bürgerlicher und marxistisch-leninistischer Auffassung von den inneren Gesetzmäßigkeiten der Entwicklung der Produktivkräfte: Für uns hat die Analyse dieser inneren Logik in der Entwicklung der Produktivkräfte letztlich nur den einen Zweck, die notwendigen Veränderungen in der Entwicklung der Produktivkräfte zu begründen. Die bürgerliche Ideologie will gerade solche Schlußfolgerungen verhindern; sie will die Bedeutungslosigkeit der Veränderung der Produktionsverhältnisse begründen; eben deshalb versucht sie, soziale Entwicklungsprozesse in die Entwicklungslogik der Technik, der Produktivkräfte, direkt einzubeziehen.

So großen Raum die bürgerliche Ideologie der Analyse der inneren Entwicklungslogik der Produktivkräfte auch einräumt, wird bei genauerem Hinsehen doch offenbar, daß ihre Betrachtungsweise überwiegend quantitativ orientiert ist. Charakteristisch für die bürgerliche Analyse der inneren Entwicklungslogik der Produktivkräfte ist, daß sie die qualitativen Veränderungen, die in den Produktivkräften vor sich gehen, weitgehend ignoriert. Dies bedeutet, daß trotz aller Betonung des revolutionären Charakters der heutigen Veränderungen in Wissenschaft und Technik (oft mit der stillschweigend verbundenen Absicht, hier eine Veränderung der gesellschaftlichen Verhältnisse im Rahmen des Kapitalismus zu suggerieren), die durch die wissenschaftlich-technische Revolution bewirkten Veränderungen von der bürgerlichen Ideologie im Prinzip als quantitative Änderungen aufgefaßt werden, als Extrapolation der gleichen Entwicklungslinien, wie sie die industrielle Revolution eingeleitet hat. Die Methode des einfachen Weiterrechnens, der Vernachlässigung qualitativer Veränderungen, welche durch die technische Entwicklung bewirkt werden, ist für nahezu alle bürgerlichen Prognosen über gesellschaftliche Entwicklungsprozesse charakteristisch. Eines der beredten Beispiele hierfür sind die spektakulären Thesen über die angeblichen Grenzen des Wachstums, über die Notwendigkeit eines „Nullwachstums", d. h. wirtschaftliche Stagnation. Diese Thesen werden dadurch plausibel gemacht, daß bestimmte Wirkungen des Wirtschaftswachstums auf den Verbrauch natürlicher Ressourcen und auf die Belastung der natürlichen Umwelt sowie die Entwicklungslinien des Bevölkerungswachstums der Erde einfach weiter gerechnet werden. Dabei wird auch nicht annähernd mit gleicher Sorgfalt der Frage nachgegangen, welche neuen und größeren Möglichkeiten der wissenschaftlich-technische, ökonomische, soziale und geistig-kulturelle Fortschritt eröffnet, um mit diesen Problemen fertig zu werden. Solche vorwiegend quantitative Betrachtungsweise liegt auch den heftigen Warnungen vor der „Großtechnik", der „harten Technik" u. a. zugrunde.

4.3. Historisches und Logisches am Beispiel des Umschlagens von der „Affinität zwischen Technik und Kapital" in eine Wesensverwandtschaft von modernen Produktivkräften und Sozialismus

Eine solche Vorliebe der bürgerlichen Ideologie für die quantitativen Aspekte der technischen Entwicklung ist keineswegs zufällig. Eine vorurteilsfreie, wirkliche wissenschaftliche Analyse der *qualitativen* Veränderungen in den Produktivkräften, ihrer Langzeitwirkungen auf die gesellschaftlichen Entwicklungsprozesse muß nämlich die historische Begrenztheit der kapitalistischen Produktionsweise, die historische Notwendigkeit des Sozialismus deutlich machen. Eine solche Analyse würde unausweichlich zu der Erkenntnis führen, daß die für das 18. und 19. Jahrhundert durchaus zutreffende (wenn auch anders als in der bürgerlichen Ideologie üblicherweise begründete) „Affinität zwischen Technik und Kapital" sich im Ergebnis der Entwicklung der Produktivkräfte mehr und mehr in eine „Affinität zwischen moderner Technik und Sozialismus" verwandelt hat. Würde man die Produktivkräfte gewissermaßen als Subjekt akzeptieren, so könnte man sagen: Sie haben sich aus ihrer inneren Verwandtschaft, aus ihrer „Affinität" mit dem Kapitalismus allmählich gelöst und sich mehr und mehr dem Sozialismus zugewandt.

Warum waren die kapitalistischen Produktionsverhältnisse vor zweihundert oder hundert Jahren kräftige Entwicklungsformen der Produktivkräfte? Weil aufgrund der inneren Entwicklungslogik der damaligen Produktivkräfte eine „Produktion um der Produktion willen", die Umwandlung des Arbeiters in einen Teilarbeiter, in ein Anhängsel der Maschine, die extensive Beziehung zwischen Produktion und natürlichen Ressourcen den damaligen Entwicklungsbedingungen der Produktivkräfte am besten entsprachen. Es ist eben nicht einfach so, daß die kapitalistische „Anwendung" der Maschinerie zur Vereinseitigung des Menschen führte; sondern vor allem so, daß die Aufgliederung menschlicher Arbeitsfunktionen, die Verwandlung des Arbeiters in einen Teilarbeiter den inneren Entwicklungsmöglichkeiten und -bedingungen der Produktivkräfte am besten entsprachen. Karl Marx hat sowohl diese „technologische Rechtfertigung" der kapitalistischen Produktionsverhältnisse durch die damalige Technik ausführlich begründet wie auch zugleich die Grenzen aufgezeigt, die die kapitalistischen Produktionsverhältnisse für die Entwicklung der Produktivkräfte setzen, selbstverständlich Grenzen relativer und nicht absoluter Natur.

5. Die Verbindung der wissenschaftlich-technischen Revolution mit den Vorzügen des Sozialismus als praktische gesellschaftliche Realisierung ihrer Wesensverwandtschaft

Vor allem im Prozeß der zunehmenden Entfaltung der wissenschaftlich-technischen Revolution als einer inneren Entwicklungsgesetzmäßigkeit der Produktivkräfte wird die Wesensentsprechung zwischen Sozialismus und den modernen Produktivkräften immer zwingender und deutlicher. Dies heißt z. B.; daß die Formel von der organischen Verbindung der Errungenschaften der wissenschaftlich-technischen Revolution mit den Vorzügen des Sozialismus nicht bedeutet, zwei sich äußerlich zueinander verhaltende Prozesse miteinander zu verbinden, zusammenzuführen, sondern zwei sich in ihrem Wesen zutiefst verwandte einander bedingende Prozesse zu verbinden: der Sozialismus bedarf zur Entfaltung seiner Vorzüge und Triebkräfte in steigendem Maße der Ergebnisse der wissenschaftlich-technischen Revolution; die wissenschaftlich-technische Revolution bedarf zu ihrer zunehmenden und vollen Entfaltung sozialistischer, letztlich kommunistischer Gesellschaftsverhältnisse. Die organische Verbindung der wissenschaftlich-technischen Revolution mit den Vorzügen des Sozialismus bedeutet die praktisch-gesellschaftliche Realisierung ihrer Wesensverwandtschaft; sie bedeutet nicht die Zusammenführung einzelner technischer Entwicklungsrichtungen der wissenschaftlich-technischen Revolution (Automatisierung, neue technologische Verfahren, neue Energiequellen usw.) mit bestimmten besonderen Eigenschaften und Merkmalen des Sozialismus; sie bedeutet auch nicht das Auftreten qualitativ neuer sozialer Erscheinungen und Prozesse im Sozialismus; sie bedeutet vielmehr die organische Verbindung allgemeiner gesellschaftlicher, vor allem ökonomischer Erfordernisse der wissenschaftlich-technischen Revolution mit spezifischen, aus dem gesellschaftlichen Eigentum resultierenden *Grund*merkmalen, Wesenseigenschaften des Sozialismus bzw. des Kommunismus. Die Grundlinien dieser organischen Verbindung kann man wie folgt charakterisieren:[29]

– Die durch die wissenschaftlich-technische Revolution verursachte universelle Veränderung des Systems der Produktivkräfte, aller seiner Elemente und Wechselwirkungen führt zu einer Dynamik der Produktion und Produktivität der menschlichen Arbeit, die es zum ersten Male in der Menschheitsgeschichte ermöglicht, wirklich allen Menschen ein wachsendes materielles und kulturelles Lebensniveau zu sichern, Hunger und Elend von unserem Planeten zu tilgen. Die wissenschaftlich-technische Revolution bewirkt eine Qualität der Produktivkräfte, die mit der „Produktion um der Produktion willen" unvereinbar ist, ebenso mit der sozialen Privilegierung einzelner Völker, Klassen und sozialer Gruppen.

Dies entspricht dem aus dem gesellschaftlichen Eigentum resultierenden objektiven Ziel der Produktion, das in der höchsten Wohlfahrt aller Mitglieder der Gesellschaft besteht (Lenin). Der Sozialismus hat bereits unter Bedingungen eines niedrigeren Niveaus der Produktivkräfte im Vergleich zu den entwickelten kapitalistischen Ländern in einer sehr kurzen Zeit die elementaren materiellen und geistigen Nöte der Menschen beseitigt: den Hunger, die Armut, das Analphabetentum. Kaum etwas belegt die historische Überlebtheit der kapitalistischen Ordnung, aber auch die Irrigkeit der bürgerlichen Thesen, daß die sozialen Übel durch die Entwicklung der modernen Technik bedingt sind, eindringlicher und überzeugender als die Tatsache, daß selbst die entwickeltsten kapitalistischen Länder Not und Elend als Massenerscheinung nicht haben beseitigen können. Elementares Elend auf der einen und parasitärer Luxus für eine geringe Oberschicht auf der anderen Seite, deformierte und bornierte Formen des Massenkonsums, die in hohem Maße nicht zu einer Bereicherung, sondern zur Verarmung zwischenmenschlicher Beziehungen führen – all dies beweist, daß die wissenschaftlich-technische Revolution die sozialen Übel der kapitalistischen Welt weder verursacht hat noch sie beseitigen kann.

[29] Ausführlicher hierzu: Wissenschaft und Produktion im Sozialismus, Berlin 1976, S. 34–44.

– Die durch die wissenschaftlich-technische Revolution bedingte höhere Dynamik, Differenziertheit und Komplexität der Entwicklung der Produktivkräfte und – im Zusammenhang hiermit – die intensivere Wechselwirkung zwischen allen Bereichen des gesellschaftlichen Lebens erfordern immer dringlicher die Existenz und Entwicklung einer gesamtgesellschaftlichen, vor allem einer gesamtwirtschaftlichen Vernunft, eines „assoziierten Verstandes" (Marx). Nur auf diese Weise ist der hohe Grad wirtschaftlicher Rationalität zu erreichen, der für die bewußte Gestaltung der komplizierter werdenden gesellschaftlichen und wirtschaftlichen Strukturen im Interesse der Entwicklung des Menschen erforderlich ist. Dies entspricht der aus dem gesellschaftlichen Eigentum, der politischen Macht der Arbeiterklasse und ihrer Verbündeten resultierenden Möglichkeit und Notwendigkeit planmäßiger, bewußter Gestaltung der gesellschaftlichen Verhältnisse aus gesamtgesellschaftlicher Sicht, verwirklicht durch die führende Rolle der Arbeiterklasse und ihrer Partei in allen Bereichen des gesellschaftlichen Lebens, durch das System der sozialistischen Demokratie (zentrale Leitung und Planung der gesamtgesellschaftlichen Prozesse bei gleichzeitiger Eigenverantwortung der territorialen Organe bzw. der einzelnen Wirtschaften in Einheiten), durch die sozialistische Planwirtschaft.

Karl Steinbuch vergleicht die wissenschaftlich-technische Revolution mit einem Vehikel, „in dem wir alle dichtgedrängt sitzen. Dieses Vehikel läuft immer schneller, und am Steuerrad sitzt einer – und der ist blind".[30] Ohne Zweifel kann man mit diesem Bilde durchaus wesentliche Merkmale des Kapitalismus charakterisieren; den Sozialismus als ein Gefährt zu betrachten, das von einem Blinden gesteuert wird, wäre natürlich völlig absurd.

– *Die wissenschaftlich-technische Revolution* erfordert tendenziell eine zunehmende „Demokratisierung" des wissenschaftlich-technischen, des ökonomischen Schöpfertums überhaupt. Sie führt nicht – wie bürgerliche Ideologen behaupten – zur Entwicklung einer besonderen, elitären „Technostruktur", d. h. zu einer wachsenden Rolle der wissenschaftlich-technischen Intelligenz, nur der Leiter der Produktion; sie muß vielmehr in steigendem Maße direkt getragen werden von der Tatkraft und folglich auch den Interessen derjenigen, die den materiellen Reproduktionsprozeß unmittelbar vollziehen, der Arbeiter, Meister und Ingenieure der Produktion. Ein gewisser ideologischer Reflex dieser objektiven Entwicklungserfordernisse der modernen Produktivkräfte unter kapitalistischen Bedingungen sind die Bestrebungen nach einer „Humanisierung der Arbeit", einer stärkeren inneren Motivation der Arbeiter, nach sogenannten „menschli-

30 Interview mit Karl Steinbuch, in: Eckart Heimendahl, Zukunft im Kreuzverhör, Gütersloh/Wien 1970, S. 110.

chen Beziehungen" zwischen Arbeitern und Leitern der Produktion. Offensichtlich reflektieren diejenigen Thesen der bürgerlichen Ideologie die kapitalistische Wirklichkeit realistischer, denen zufolge die wissenschaftlich-technische Revolution ohne eine „innere Identifizierung" der Masse der Arbeiter mit den „Interessen der Firma" in der Perspektive kaum zu verwirklichen sei.

Diesen Erfordernissen der modernen Produktivkräfte entspricht die dem gesellschaftlichen Eigentum an den Produktionsmitteln entspringende objektive Interessiertheit der unmittelbaren Produzenten an einer hohen – an gesamtgesellschaftlichen, gesamtwirtschaftlichen Maßstäben gemessenen – Ergiebigkeit ihrer Arbeit, verbunden mit der unmittelbaren Verbesserung der Arbeits- und Lebensbedingungen. Eine wirkliche Identifizierung des Arbeiters mit dem Interesse seines Betriebes ist nur über gesamtgesellschaftliches Eigentum realisierbar, nur unter gesellschaftlichen Verhältnissen, wo der Produzent zugleich Eigentümer der Produktionsmittel ist.

– *Die wissenschaftlich-technische Revolution* bewirkt eine zunehmende Internationalisierung des Wirtschaftslebens. Die Erschließung der Möglichkeiten der wissenschaftlich-technischen Revolution erfordert eine systematische internationale Arbeitsteilung, eine tiefgreifende Verflechtung wirtschaftlicher Strukturen im internationalen Maßstab, die Koordinierung der wirtschaftlichen Kräfte auf dem Gebiete der Forschung, der Produktion bis hin zum Absatz.

Dem entspricht das internationalistische Wesen des Sozialismus, resultierend aus dem gesellschaftlichen Eigentum, verwirklicht durch eine planmäßige und zielstrebige sozialistische ökonomische Integration, beruhend auf den gemeinsamen Interessen der sozialistischen Staaten, auf der Verbindung von sozialistischem Internationalismus und Patriotismus.

5.1. Worüber weiter nachgedacht werden sollte . . .

Die Übereinstimmung zwischen den modernen Produktivkräften und den gesellschaftlichen Verhältnissen des Sozialismus ist die entscheidende objektive Grundlage der ökonomischen und sozialen Überlegenheit der neuen Gesellschaftsordnung, der schließlichen revolutionären Überwindung des Kapitalismus. Aber selbstverständlich vollziehen sich diese gesellschaftlichen Umwälzungen bzw. die Höherentwicklung des Sozialismus nur auf dem Wege des gesellschaftlich organisierten Handelns der Massen, geführt von ihrer revolutionären Partei. Jegliche Erwartungen eines irgendwie gearteten automatischen Zusammenbruchs der kapitalistischen Ausbeutung im Ergebnis der wissenschaftlich-technischen Revolution sind – auch wenn dies in weite Ferne gerückt und nur als Gedankenexperiment angestellt wird – unbegründet. In diesem Zusammenhang ist die Auffassung von Jürgen Kuczynski, daß der Kapitalismus die wissenschaftlich-technische Revolution nicht werde durchführen können bzw. die wissenschaftlich-technische Revolution der kapitalistischen Ausbeutung die materiellen Voraussetzungen entziehen könnte, anfechtbar.[31]

Jürgen Kuczynski schreibt: „In unserer Zeit, in der es schon einige vollautomatisierte Betriebe gibt, können wir uns doch wirklich unschwer auch vollautomatisierte Industrien vorstellen, einen gigantischen chemischen und mechanisierten Umwandlungsprozeß der Natur in Gebrauchswerte. Um das theoretische Modell zu vollenden, bedarf es nur noch des ‚Knopfes', auf den man drückt, um die Produktion in Gang zu setzen, der mechanischen Kontrolle und der Vorstellung, daß dieser Prozeß ein Jahr plus einen Tag automatisch verläuft, bis wieder auf den Knopf gedrückt wird, um uns eine Jahresproduktion theoretisch vorzustellen, zu deren Herstellung überhaupt kein, um bei den Symbolen der politischen Ökonomie des Kapitalismus zu bleiben, v eingesetzt wird, bei der also auch kein m produziert wird, also auch kein Nationaleinkommen geschaffen wird." Und weiter: „Doch spitzen wir noch weiter zu und kommen auf das zuvor angedeutete Modell eines vollautomatisierten Produktionsapparates mit v bestehend aus einem Arbeiter, der auf einen Knopf drückt, um die Produktion in Gang zu setzen, zurück, eines Arbeiters, der als Regulator und Wächter neben dem Produktionsapparat steht ... Das heißt, die kapitalistische Wirtschaft würde insofern ihren Charakter völlig verändern, als Profitmacherei und entsprechende Ausbeutung, d. h. Raub des Mehrprodukts durch die Eigentümer von Produktionsmitteln *praktisch* abgeschafft worden wären – es handelt sich nur noch um einen einzigen Arbeiter, der ausgebeutet wird ..."[32] Auf diese Weise kann die Unmöglichkeit der Vollendung der wissenschaftlich-technischen Revolution unter den Bedingungen des staatsmonopolitischen Kapitalismus nicht nachgewiesen werden. Erstens ist kapitalistische Ausbeutung nicht auf die materielle Produktion begrenzt, nicht dem Wesen der Sache nach an sie gebunden. Selbst wenn alle Arbeitenden in nichtproduzierenden Bereichen tätig wären, würde das Monopol in der Verfügung über die Produktionsmittel bzw. über die gegenständlichen Bedingungen des Reproduktionsprozesses die Ausbeutung der Mehrheit des Volkes durch eine Minderheit zur Folge haben. Und selbst wenn die phantastischen Utopien mancher reaktionärer bürgerlicher Schriftsteller Wirklichkeit würden, denen zufolge eine Zeit kommen könnte, in der „überhaupt

[31] Siehe: Jürgen Kuczynski, Kann die wissenschaftlich-technische Revolution unter den Bedingungen des staatsmonopolistischen Kapitalismus durchgeführt werden? in: Wirtschaftswissenschaft, 11/1972, S. 1695.

[32] Ebenda, S. 1697.

nicht" gearbeitet wird, die Mehrheit des Volkes durch die Herrschenden manipuliert, durch „Brot und Spiele" in einer parasitären Lebensweise gefangen gehalten würde, so würde dies – wie diese Schriftsteller selbst sagen – die Teilung der Gesellschaft in eine herrschende Minderheit und in eine beherrschte Mehrheit nicht aufheben. Die Entwicklung der Produktivkräfte kann in keinem Fall – wie „kühn" das Gedankenexperiment auch angelegt sein mag – den „Raub des Mehrprodukts . . . *praktisch*" abschaffen.

Schließlich ist auch die Annahme irrig, daß je eine Zeit kommen könnte, wo der gesamte Produktionsapparat durch einen einzigen Arbeiter, der – wie Kuczynski schreibt – einmal im Jahre einen Knopf drückt, in Gang gehalten werden könnte. Eine solche Vorstellung kann keineswegs zur Klärung dessen beitragen, „was die Vollautomatisierung politökonomisch bedeutet"[33]. Natürlich bedeutet wissenschaftlich-technischer Fortschritt, daß die organische Zusammensetzung der Fonds steigt, daß ein Quantum lebendiger Arbeit die Fähigkeit erwirbt, ein wachsendes Quantum vergegenständlichter Arbeit in Bewegung zu setzen. Aus welchem Grunde aber sollten wir das als einen einfachen, linearen Vorgang betrachten? Die Erfahrung lehrt, daß bestimmte Entwicklungstendenzen bei einem bestimmten Entwicklungsniveau gewissermaßen einen anderen Kurvenverlauf annehmen, z. B. einem bestimmten Wert entgegenstreben, ohne diesen Wert jemals erreichen zu können (asymptotische Annäherung). Es fehlen zur Zeit gewiß alle wesentlichen Voraussetzungen, um den Prozeß der organischen Zusammensetzung nur annähernd beschreiben zu können, wie er sich vielleicht in 200 oder 300 Jahren darstellen wird. Aber dies sind nicht einfach technische Fragen; möglicherweise werden sich ferne Generationen die Frage stellen, inwieweit es im Interesse eines sinnerfüllten Lebens überhaupt zweckmäßig ist, sich völlig „aus dem Produktionsprozeß" auszugliedern, selbst wenn dies technisch möglich sein sollte. Natürlich werden solche Fragen erst gestellt werden, wenn vom Kapitalismus nur noch aus den Geschichtsbüchern etwas zu erfahren sein wird. Und dies ist das Entscheidende: Die Menschheit wird auf keinen Fall mit der Beseitigung der kapitalistischen, dieser menschenfeindlichen und wirtschaftlich unrationellen Ordnung so lange warten können, bis die Arbeiterklasse auf eine einzige Person reduziert worden ist.

[33] Ebenda, S. 1695.

Kolibri 360 GmbH
Ferdinand-Jühlke-Straße 7
99095 Erfurt, Deutschland
produktsicherheit@kolibri360.de